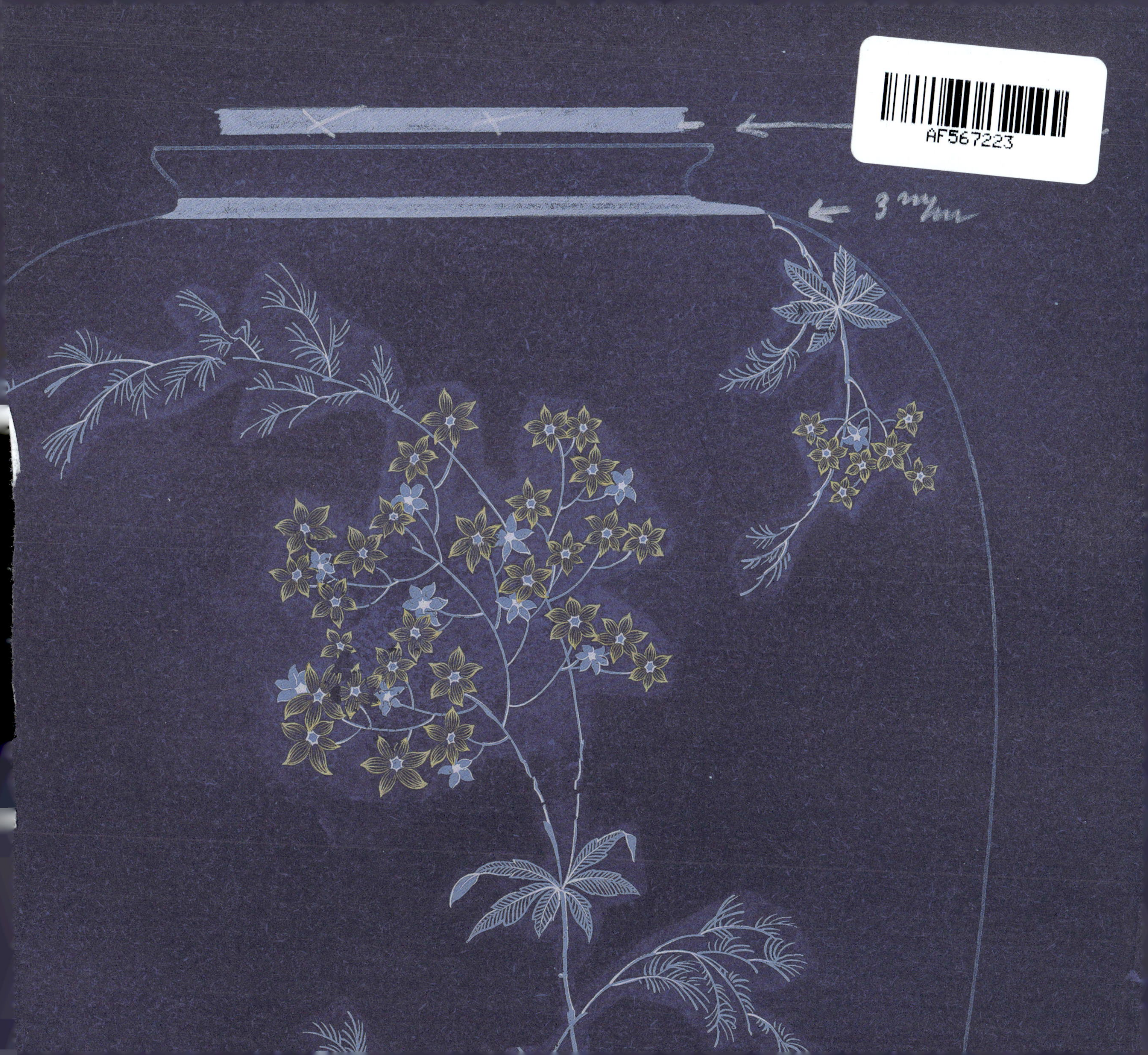
3 m/m

**WAS GLÄNZT,
IST FÜR DEN AUGENBLICK GEBOREN,
DAS ECHTE BLEIBT
DER NACHWELT UNVERLOREN.**

*Johann Wolfgang von Goethe,
›Faust I‹, 1808*

Meiner Mutter gewidmet

Susanne Katzenberg

Hrsg. Susanne Katzenberg

UN VERLOREN

HOMMAGE AN WEIMAR PORZELLAN THÜRINGEN

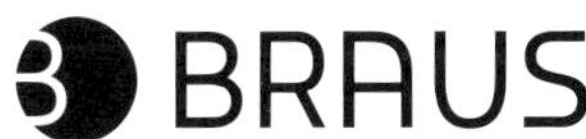

EIN STÜCK HEIMAT UND IDENTITÄT

PROF. DR. BENJAMIN-IMMANUEL HOFF

Thüringer Minister für Kultur, Bundes- und Europaangelegenheiten

Alchemistische Experimente, geheim gehaltene Rezepturen, aristokratische Luxusbedürfnisse und bürgerliche Konsumwünsche, aber auch harte Konkurrenz, Raub, Produktpiraterie und Industriespionage prägen die europäische Geschichte des Porzellans. Dessen eigenständige Nacherfindung in Thüringen um 1760 ist nur eine ihrer vielen Facetten, dafür aber eine besonders prägende in der Wirtschafts- und Kulturgeschichte unseres Landes.

Im Laufe des 19. Jahrhunderts stieg Thüringen zum Zentrum der Porzellanindustrie des Deutschen Reiches auf. Hier waren ein Großteil der Porzellanbetriebe und der Beschäftigten beheimatet. Thüringen bot durch seinen Reichtum an einheimischen Rohstoffen, Energiequellen wie Holz und Wasserkraft, etablierten Gewerbestrukturen und Vertriebswegen beste Voraussetzungen für die Porzellanherstellung. Auch die große Anzahl thüringischer Kleinstaaten sollte sich zunächst als förderlich erweisen, wollte doch jeder Landesfürst eine Porzellanmanufaktur in seinem Herrschaftsgebiet angesiedelt wissen.

Bei den Thüringer Porzellanmanufakturen handelt es sich allerdings nicht um aristokratische, sondern um bürgerliche Unternehmensgründungen, die von Anfang an auf den Absatz ihrer Waren außerhalb des kleinen Landesterritoriums setzten. Dies führte zu einem vielfältigen Sortiment, das neben künstlerisch anspruchsvollen Erzeugnissen für die Thüringer Höfe hauptsächlich Gebrauchsgeschirr in Massenproduktion für einen weniger kaufkräftigen Kundenkreis umfasste. Daneben wurden Figürliches und Zierporzellan, Spielwaren und Pfeifenköpfe sowie technische Porzellane hergestellt. Trotz ihrer Zerbrechlichkeit wurden diese Waren bis nach Amerika und in den arabischen Raum exportiert.

Unter der Vielzahl der Thüringer Porzellanmanufakturen gehört der 1790 von Christian Andreas Wilhelm Speck in Blankenhain gegründete Betrieb zu den frühen Unternehmensgründungen. Beinahe 230 Jahre wurde in Blankenhain Tisch- und Ziergeschirr in großer Formen- und Dekorvielfalt gefertigt. Nach 1990 war es für Weimar Porzellan Blankenhain wie auch für andere Porzellanhersteller aus Thüringen schwer, im hart umkämpften Weltmarkt zu bestehen. Als Ende des Jahres 2018 das Unternehmen geschlossen wurde, endete auch eine Ära für Blankenhain. Mit dem traditionsreichsten Betrieb der Stadt gingen nicht nur Arbeitsplätze und großes kreatives Potenzial verloren, sondern für viele Thüringer Bürger*innen auch ein Stück Heimat und regionale Identität.

Heute künden nur noch verlassene Werkhallen und Überreste der Produktion davon, dass dort über Generationen funktionale und dekorative Gegenstände der Tischkultur für die ganze Welt hergestellt wurden. Gegen den völligen Verlust dieser langen Porzellantradition in Blankenhain arbeitet die Fotojournalistin und Fotografin Susanne Katzenberg mit ihrem Buchprojekt UNVERLOREN an. Viele Male besuchte sie die alten Werkstätten und spürte der Vergangenheit mit der Frage nach, was von der traditionsreichen Zeit in die Gegenwart transferiert werden könne. Ihre auf Eigeninitiative und persönlichem Enthusiasmus gegründete Publikation ist ebenso Hommage an das Blankenhainer Porzellan wie Mahnung, die tief greifenden gesellschaftlichen und wirtschaftlichen Umbrüche in den neuen Ländern im Blick zu behalten. Susanne Katzenbergs sezierender Blick auf gesellschaftliche Dissonanzen ist stark und wichtiger denn je. Ich danke der Autorin herzlich für die Spurensuche in Blankenhain und wünsche der Publikation viele interessierte Leserinnen und Leser sowie dem traditionsreichen Porzellanland Thüringen große Aufmerksamkeit.

SUSANNE KATZENBERG

ALS ICH KAM, WART IHR SCHON WEG

Wie kommt eine Hamburger Fotografin dazu, ein Buch über ein geschlossenes Porzellanwerk in Thüringen zu machen?

Ich habe anlässlich des 100-jährigen Bauhaus-Jubiläums viel in Thüringen, vor allem in Weimar, in Archiven recherchiert und mich in die Stadt verliebt. Dort stieß ich immer wieder auf das Thema Manufakturen und das Sterben ganzer Branchen im Osten Deutschlands nach der Wende. Ich habe mich dann insbesondere mit der Wirtschaftshistorie, der Treuhand und der Abwicklung von Unternehmen beschäftigt. Ich komme selbst aus dem Handwerk, denn ich habe in jungen Jahren Schlosserin gelernt. Ich weiß also, wie es ist, mit seinen Händen und mit Körpereinsatz Geld zu verdienen. Während eines Besuchs im Frühjahr 2019 kam ich bei einer Wanderung an der bereits geschlossenen Fabrik von Weimar Porzellan in Blankenhain vorbei und sah das verblasste Schild, auf dem ein Räumungsverkauf am 3. Januar 2019 angekündigt wurde – das war wie ein Wink des Schicksals.

Warum das?

Der 3. Januar ist mein Geburtstag, außerdem faszinierten mich verlassene Orte schon immer. In meinen freien Arbeiten habe ich mich in der Vergangenheit häufig fotografisch mit Orten beschäftigt, denen das Vergessen droht. Ich überlasse mich gern meiner Fantasie und stelle mir vor, wie es an dem Ort gewesen sein mag, als er noch belebt war. Der erste Blick von außen auf alles, ohne jegliches Hintergrundwissen, ist interessant, weil er mir und später den Betrachter*innen meiner Fotografien die Möglichkeit gibt, sich eine eigene Geschichte auszumalen.

Kommen menschenleere Orte auch deiner Arbeitsweise als Fotografin entgegen?

Absolut, ich brauche Zeit für meine Bilder. Ich bin eine langsame Fotografin, muss die Umgebung erst mal erspüren und ›baue‹ meine Bilder, ohne zu inszenieren. Außerdem arbeite ich mit natürlichem Licht, dafür muss man oftmals länger auf den richtigen Moment warten.

Wie war das, als du das erste Mal durch die leeren Hallen gegangen bist?

Es war ebenso gespenstisch wie friedlich, denn es sah aus, als seien die Mitarbeiter*innen gerade erst nach Hause gegangen und kämen am nächsten Tag wieder – überall lag Porzellanstaub, darin die Fußspuren der Menschen, die hier täglich durchgelaufen sind. Tassen mit eingetrockneten Kaffeeresten und vertrocknete Topfpflanzen standen auf den Tischen, abgelegtes Werkzeug und Arbeitsschuhe warteten auf die Rückkehr ihrer Besitzer.

Woher wusstest du, was sich zu fotografieren lohnt?

Anfangs habe ich nach rein ästhetischen Gesichtspunkten fotografiert. Ich hatte keine Ahnung von Porzellan und dachte zunächst auch, ich dürfte nur ein einziges Mal in die Fabrik. Erfreu-

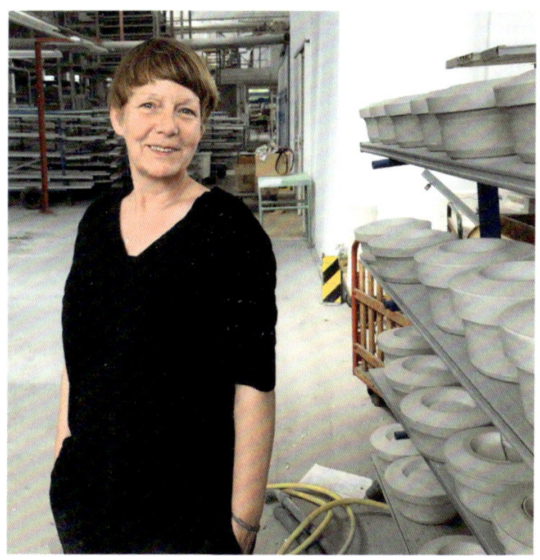

AUF SPURENSUCHE

Susanne Katzenberg möchte mit dieser Hommage und der Re-Produktion der Vase TINI die Erinnerung an Weimar Porzellan ›unverloren‹ machen.

licherweise hatte ich in den Monaten danach mehr als ein Dutzend Mal die Gelegenheit dazu und auch immer mehr Kenntnis von der Materie. So hat sich mir mit der Zeit vieles erschlossen, etwa das Formenlager, die Maschinen und die vielen Arbeitsplätze, an denen mit der Hand gearbeitet wurde. Mir wurde klar, dass hier ein großer Schatz schlummert und ich daraus gern ein Buch machen würde. Solche Projekte finden dich, nicht umgekehrt. Dass noch mehr daraus entstehen würde, ahnte ich nicht.

Du meinst, dass du die Vase ›Tini‹ retten würdest?

Ja, genau. Bei der Recherche über Weimar Porzellan war ich auf die Vasenform ›Tini‹ gestoßen und sogleich schockverliebt – sie stammt aus den 1960er-Jahren der DDR und ist schön schlicht und zeitlos. Als ich erfuhr, dass der Formenfundus und all die Modelle, die teilweise ja historischen Wert haben, zerstört oder verkauft werden würden, war ich sehr betroffen und beschloss, die Form ›Tini‹ zu übernehmen.

Im Buch sehen wir zeitgenössische Fotografien kombiniert mit historischen Aufnahmen …

Das Landesarchiv Thüringen – Hauptstaatsarchiv Weimar hat in Eigeninitiative viele wertvolle Unterlagen aus der verlassenen Fabrik gerettet. Für mich war das ein großes Geschenk, vor allem was das hochwertige historische Fotomaterial betrifft. Es zeigt, wie sorgfältig, detailverliebt und einzigartig bei Weimar Porzellan über lange Zeit gearbeitet wurde, und gibt Einblicke in die Arbeitsweise aus früheren Zeiten. In Kombination mit den Aufnahmen der leeren Arbeitsplätze bekommt man eine Vorstellung, wie komplex die Herstellung von Porzellan ist.

Wie war es, die Menschen zu treffen, die noch kurze Zeit vorher in den Hallen ein- und ausgegangen sind?

Als ich kam, waren die Menschen zwar schon weg, aber ich habe sie später getroffen und mir ihre Erinnerungen und Erlebnisse erzählen lassen. Das hatte eine ganz eigene Schönheit. Ich bin den Protagonist*innen sehr dankbar, dass sie Teil des Buches sind. Emotional war es nicht für alle einfach, sich ein paar Monate nach der Insolvenz dem Thema erneut zu widmen.

Warum hast du dein Projekt UNVERLOREN genannt?

Mein Wunsch war von Beginn an, hier etwas vor dem Vergessen zu bewahren. Ich hoffe, mit diesem Projekt andere animieren zu können, und sehe es als eine Art Aufruf, sich mehr zu kümmern. Unternehmen, Institutionen, Bauwerke und Orte nicht einfach nur abzuwickeln, sondern sie zu erhalten. Designs und Fachwissen nicht einfach verloren gehen zu lassen, sondern letzten Endes nichts weniger als Kulturgut zu retten. Ich war immer sicher, dass es richtig und wichtig ist, in dieser Form eine Art ›Denkmal‹ zu erschaffen, und es gibt viele wunderbare Unterstützer*innen. Über dem Projekt steht ein guter Stern.

INHALT

HISTORIE

ZEITGENÖSSISCHE & HISTORISCHE FOTOGRAFIE

ZEHN GESCHICHTEN

ZUM SCHLUSS

BEILEGER

Eine Auswahl an Klassikern und Lieblingsstücken von Weimar Porzellan als Poster

WEIMAR PORZELLAN IM LAUFE DER ZEIT

Thüringen ist in vielerlei Hinsicht mit der Porzellanfertigung verwoben. So gilt der Thüringer Johann Friedrich Böttger als Erfinder des europäischen Porzellans. Auch wenn heute seine alleinige Autorenschaft angezweifelt und seinem Kompagnon Ehrenfried Walther von Tschirnhaus eine größere Rolle zugesprochen wird, ist es wohl Böttgers Forscherdrang zu verdanken, dass 1710 die ersten Porzellane in Meißen gefertigt wurden. Von diesem Forscherdrang waren sicher auch die thüringischen Arcanisten Georg Heinrich Macheleid, Johann Gotthelf Greiner und Johann Wolfgang Hammann getrieben, als sie mit den heimischen quarz- und kaolinhaltigen Sanden und Erden experimentierten und damit nur 50 Jahre später den Grundstein für die thüringische Porzellanproduktion legten. In kürzester Zeit entstanden etliche Fabriken in der Region – begünstigt einerseits durch die reichen Holz- und Wasservorkommen, andererseits durch die große Verfügbarkeit an billigen Arbeitskräften. Über die Zeit waren ganze Familiengenerationen in der Porzellanproduktion tätig und es entstand eine starke Identifikation der dort Beschäftigten mit diesem Handwerk. Selbstbewusst bezeichnete man sich als ›Porzelliner‹ und gab das erlangte Fachwissen an die nächsten Generationen weiter.

Ein solcher Porzelliner war auch Christian Andreas Wilhelm Speck. Durch seine Arbeit in einer Porzellanfabrik in Großbreitenbach war er bestens vertraut mit dem ›Arcanum‹, dem Wissen um die Zusammensetzung und Verarbeitung des Porzellans. Gemeinsam mit dem Blankenhainer Bürgermeister und Hofapotheker Johann Währlich untersuchte er bereits Anfang der 1760er-Jahre die in der Gegend vorkommenden Erden und Steine und man befand, dass diese hervorragend für die Herstellung von Porzellan und Steingut geeignet seien. Als Mann mit Weitblick zog Speck in diesen Landstrich und begann mit seinem Plan des Aufbaus einer ›Porcelain Fabrik zu Blankenhain‹.

In den geschichtlichen Nachrichten der Stadt von 1828 wurde das Porzellan aus der speckschen Fabrik für seine Dauerhaftigkeit und hervorragende Qualität gerühmt. Die Produkte hätten »einen Vorzug vor vielem anderswo erzeugten Porzellan«.[1] Doch neben der Zusammensetzung der Masse war besonders das hohe Maß an handwerklicher Kunstfertigkeit bei deren Be- und Verarbeitung entscheidend für die Qualität und den daraus resultierenden guten Ruf der Produkte aus Blankenhain. Es mag etwas verwirren, dass im Laufe des rund 230-jährigen Bestehens von Weimar Porzellan immer wieder die Bezeichnungen ›Fabrik‹ und ›Manufaktur‹ wechselten – dies ist begründet in den zeitlich verschiedenen Konnotationen dieser Begriffe. Beständig hingegen war die handwerkliche Sorgfalt der Porzelliner für die aufwendig gefertigten Porzellane.

GRÜNDUNG

Christian Andreas Wilhelm Speck erhielt 1790 das gräfliche Privileg zur Porzellanherstellung in Blankenhain durch Carl Friedrich Graf Hatzfeld zu Gleichen. Das bereits von Speck 1780 erworbene Schießhaus wurde zur Porzellanfabrik umgebaut und damit die ›Blankenhain Porzellain-Fabrick, C. W. Speck‹ begründet. Die Tonerde zur Porzellanherstellung holte man aus einer Grube aus der Umgebung und der quarz- und feldspathaltige Sand kam aus einer Untertagebaugrube in Schwarza bei Blankenhain. In einer eigenen Mühle am Seeteich wurde die Masse dann verarbeitet. Die Porzellanfabrikation florierte mit rund 150 Beschäftigten und bereits 1797 stellte Speck erste Blankenhainer Erzeugnisse auf der Leipziger Messe vor.

KUNSTLIEBHABER VOIGT

1828 verkaufte Speck die Porzellanfabrik an Gustav Vogt (später Bürgermeister in Blankenhain und großherzoglicher Landkammerrat). Zum Verkaufsumfang gehörten ein noch nicht völlig fertiggestelltes Fabrikgebäude mit Brenn- und Schmelzöfen, das alte Schießhaus, ein Lagerhaus, die Massemühle am Seeteich, Warenlager in Blankenhain und Allstedt sowie auf den Messen in Leipzig, Frankfurt am Main und Frankfurt (Oder). Ebenso enthalten waren die Privilegien zur Porzellanherstellung, der Rohstoffgewinnung in der Region und der Holzrechte aus den herzoglichen Waldungen. Vogt beförderte die künstlerische Weiterentwicklung, besonders der Malerei, in seiner ›Porzellain-Manufaktur G. Vogt & Comp., Blankenhain bei Weimar‹, was zur Steigerung der Qualität der Porzellanprodukte beitrug. »Man beschäftigte außer Drehern Buntmaler, Blaumaler und je einen Tier-, Landschafts-, Figuren-, Jagdstück-, Kunst-, Dessin-, Prospekten- und Portraitmaler, sowie einen akademischen Maler, einen Dekorateur und einen Former.«[2]

WECHSELVOLLE ZEITEN

In der Zeit zwischen 1836 und 1847 gab es mehrfache Besitzerwechsel. 1836 erwarb der aus Auma stammende Gottfried Sorge die Fabrik. Vermutlich aus Mangel an Fachpersonal und den damit verbundenen Produktionsschwierigkeiten meldete Sorge bald Konkurs an. Nach einem Rettungsversuch durch Gustav Vogt ging die Fabrik an den aus Uhlstädt stammenden Isidor Streibarth. Dessen Bestrebung, die Fabrikation aufrechtzuerhalten, schlug sicher auch durch die politischen Unruhen zu dieser Zeit (Vormärz) fehl. So wurde die Herstellung 1847 stillgelegt und das Unternehmen später an die Familie Fasolt veräußert.

FASOLT & EICHEL

Der Porzellanmaler Victor Fasolt zog 1856 mit seiner Familie aus dem bayerischen Selb nach Blankenhain und übernahm die Porzellanfabrik. Die Verbindung mit Ferdinand Eichel begründete den neuen Namen ›Fasolt & Eichel Porzellan-Fabrik‹ und einen Aufschwung der Firma. Die Brennöfen wurden auf Steinkohlefeuerung umgestellt – ein Novum in Thüringen zu dieser Zeit. Da die einheimischen Rohstoffquellen kaum noch ausreichten, wurde die Kaolinmasse nun aus Böhmen, England und Frankreich importiert.

1790

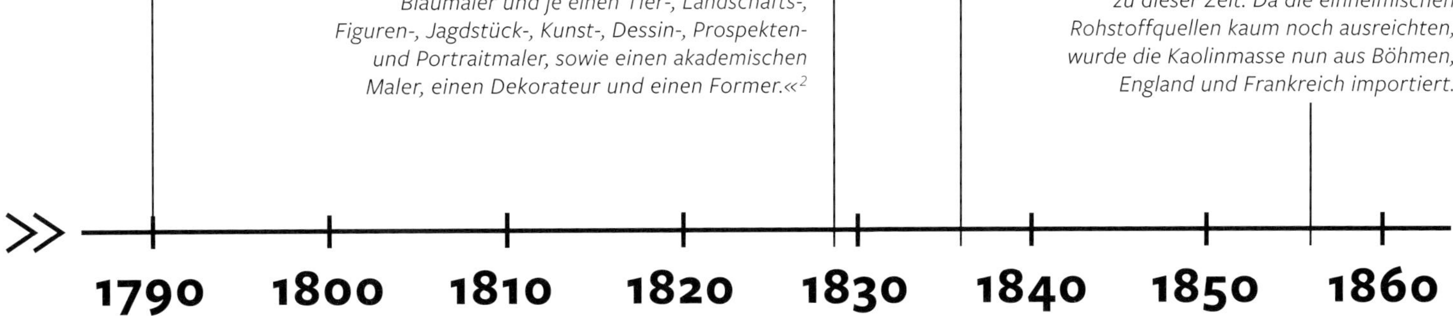

INTERNATIONALISIERUNG

Nach dem Tod der beiden Inhaber übernahm die Witwe Elisabeth Fasolt die Firmenleitung. Als geborene Hutschenreuther bewies sie sich als resolute Unternehmerin. 1873 wurden unter ihrer Leitung die Fabrikationsanlagen erneut erweitert. Auch ihr Blick auf die künstlerische Weiterentwicklung der Erzeugnisse führte zu einer Qualitätssteigerung der Waren. 1879 erfolgte die Übergabe der Leitung an ihre Söhne Max und Carl Fasolt. Die beiden waren bereits vertraut mit den Fabrikationsprozessen und erweiterten die Palette der Erzeugnisse. Der Absatz stieg – auch durch die Aufstockung auf 250 Arbeitskräfte – und rund drei Viertel der Produktion ging ins Ausland. Als neue Fabrikmarke wurde das sächsische Rautenschild der Weimarer Herzöge eingeführt. Beleg für die rege Exporttätigkeit ist die Markenerweiterung mit dem Zusatz ›Germany‹ um 1900. Eine Zusammenarbeit mit Eduard Eichler von der Böhmischen Porzellanmanufaktur Dux wirkte sich ebenfalls förderlich aus. So tauschte man technische Erfahrungen, Personal und Modelle aus. 1909 ging die Fabrik in die ›Duxer Porzellan-Manufaktur AG‹ ein.

1900

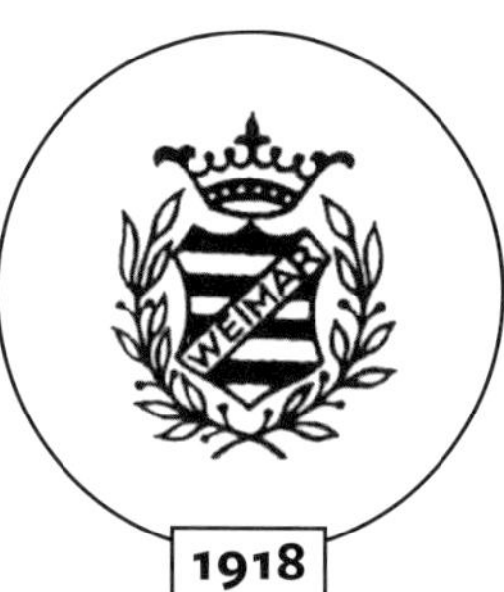

1918

KRIEGSJAHRE

In den Kriegsjahren fehlte es zunehmend an Arbeitskräften durch die vielen Einberufungen. Französische Kriegsgefangene und systemkritische Zivilisten wurden zur Zwangsarbeit herangezogen und die Produktion lief weiter. Erst kurz vor dem Ende des Zweiten Weltkrieges wurde die Fabrikation umgestellt und man fertigte Isolatoren und Gebrauchsgeschirre für die Wehrmacht.

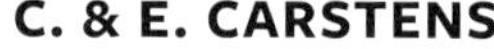

C. & E. CARSTENS

Die beiden Kaufmänner Christian und Ernst Carstens aus Elmshorn bei Hamburg hatten mit rund 15 Fabriken bereits ein umfangreiches Keramik- und Porzellanunternehmen aufgebaut, überwiegend in Mitteldeutschland. Zur Verantwortlichkeit von Ernst Carstens gehörte die 1918 erworbene Porzellanfabrik in Blankenhain und so firmierte der Betrieb anfänglich als ›E. Carstens AG‹. Nach dem Tod von Ernst Carstens 1925 wurde die Fabrik unter dem Namen ›C. & E. Carstens, Porzellanfabrik, Blankenhain-Weimar, Inhaber Ernst Carstens Erben‹ weitergeführt. Man ergänzte die Fabrikmarke mit Krone und Lorbeerkranz und rund 300 Arbeitskräfte kurbelten den Export an. Ab 1928 wurde der Name der Stadt Weimar nicht wie bisher nur im Wappen der Fabrikmarke geführt, er bestimmte fortan auch den geläufigen Firmennamen ›Weimar Porzellan‹.

1882

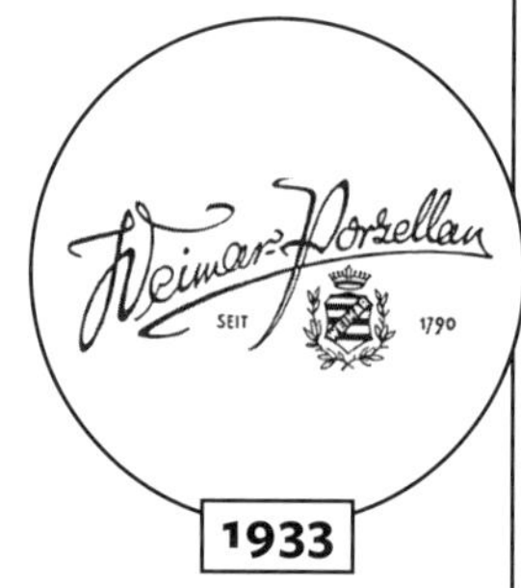

1933

1870 1880 1890 1900 1910 1920 1930 1940

VOLKSEIGENER BETRIEB

1948 erfolgte die Umwandlung zum ›VEB Porzellanwerk Weimar-Porzellan Blankenhain‹ und einige Jahre später auch die Eingliederung ins Kombinat Feinkeramik Kahla. Die ambitionierten Ziele der Planwirtschaft wurden durch vielfältige Maßnahmen angegangen. In den 1960er-Jahren wurden eine neue Produktionshalle, moderne Elektro-Kobalt-Tunnelöfen und die Umstellung auf Rollerproduktion in der Dreherei realisiert. Man legte großen Wert auf die Qualifizierung der Angestellten. So absolvierten 1963 vier Leitungskräfte ein Hochschulfernstudium und es gab 14 Meisterqualifizierungen und laufende Erwachsenenqualifizierungen. Die Produktpalette wurde stilistisch auf die hauptsächlich östlichen Exportmärkte ausgerichtet, jedoch gab es auch spannende Neuentwicklungen, beispielsweise durch den Formgestalter Peter Smalun und den Dekorentwerfer Otto Markus.

1948

1949

1980

WEIMARER PORZELLANMANUFAKTUR

Die Könitz Porzellan GmbH (Geschäftsführer und Inhaber ist Turpin Rosenthal) kaufte 2007 das Unternehmen und legte den Fokus auf manufakturelle Neuentwicklungen. Dies spiegelte sich auch im Namen: ›Weimarer Porzellanmanufaktur Betriebs-GmbH‹.

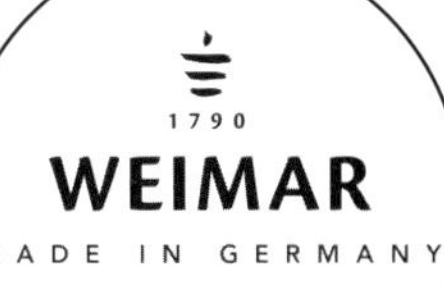

2016

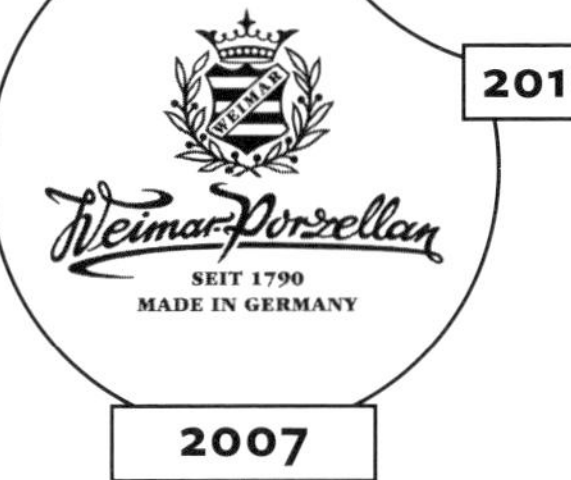

2007

ZEIT NACH DER WENDE

Die Firma Herbert Hillebrand Bauverwaltungs-Gesellschaft mbH erwarb 1992 Weimar Porzellan von der Treuhandanstalt Erfurt. Bereits 1995 meldete man Konkurs an und über einen Konkursverwalter wurde das Unternehmen noch im selben Jahr durch die Stadt Blankenhain, British American Ltd. und Optima Immobilien GmbH aus der Konkursmasse erworben. Die Geschäftsleitung der ›Weimar Porzellan GmbH‹ übernahmen drei leitende Angestellte, die somit 51 Prozent der Anteile besaßen. Die Stadt Blankenhain war weiterhin mit 49 Prozent beteiligt. 2006 erfolgte eine erneute Übernahme von Weimar Porzellan durch die Geschwister Hillebrand GmbH.

1991

INSOLVENZ

2018 wurde das Schicksal der Blankenhainer Porzellanfertigung mit einer erneuten Insolvenzanmeldung endgültig besiegelt. Das Unternehmen wurde zum 31. Dezember 2018 geschlossen.

AUSBLICK

Die KARACA Porzellan Deutschland GmbH erwarb 2019 die Rechte an der Marke Weimar Porzellan.

» 1950 1960 1970 1980 1990 2000 2010 2020

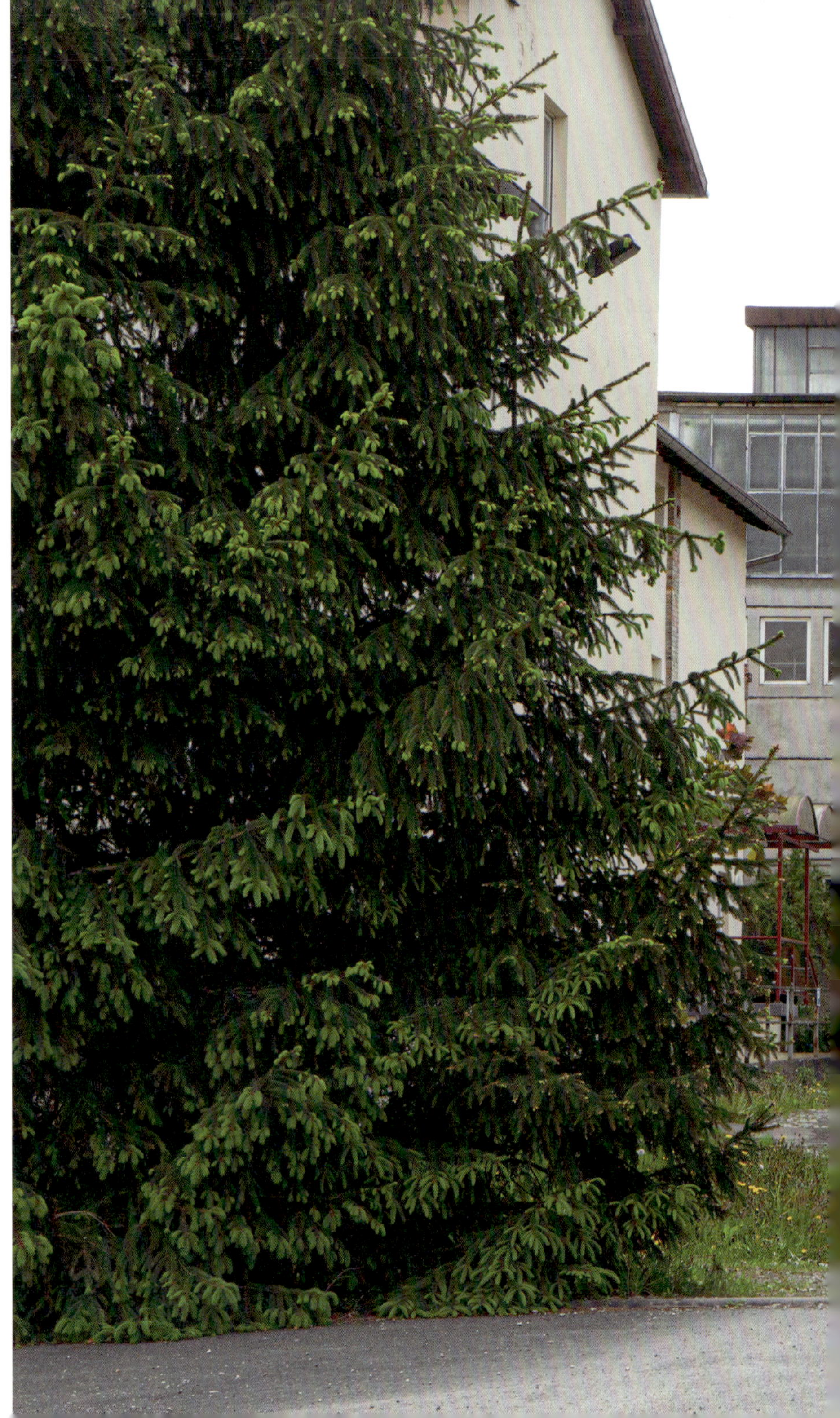

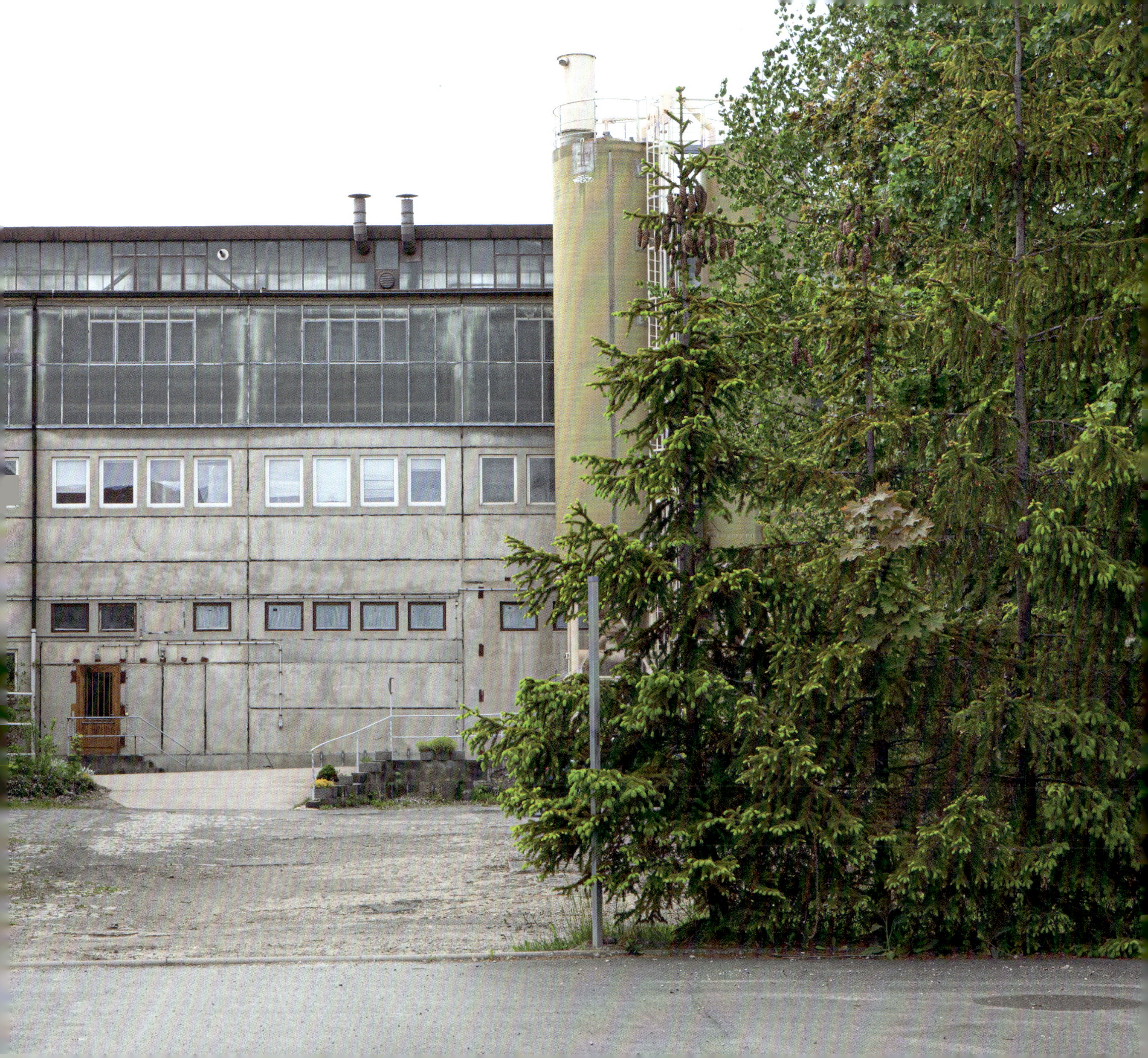

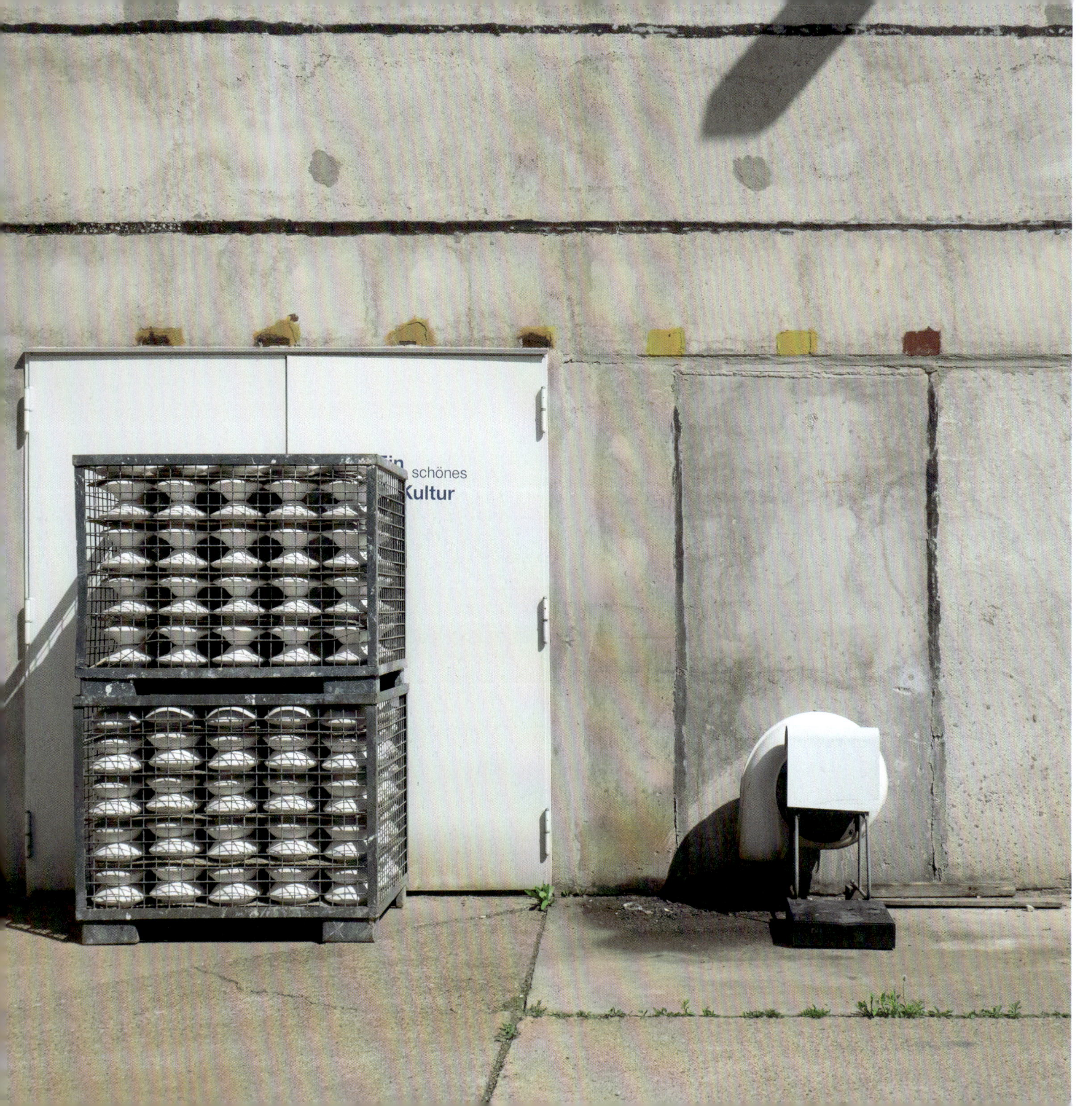
schönes
Kultur

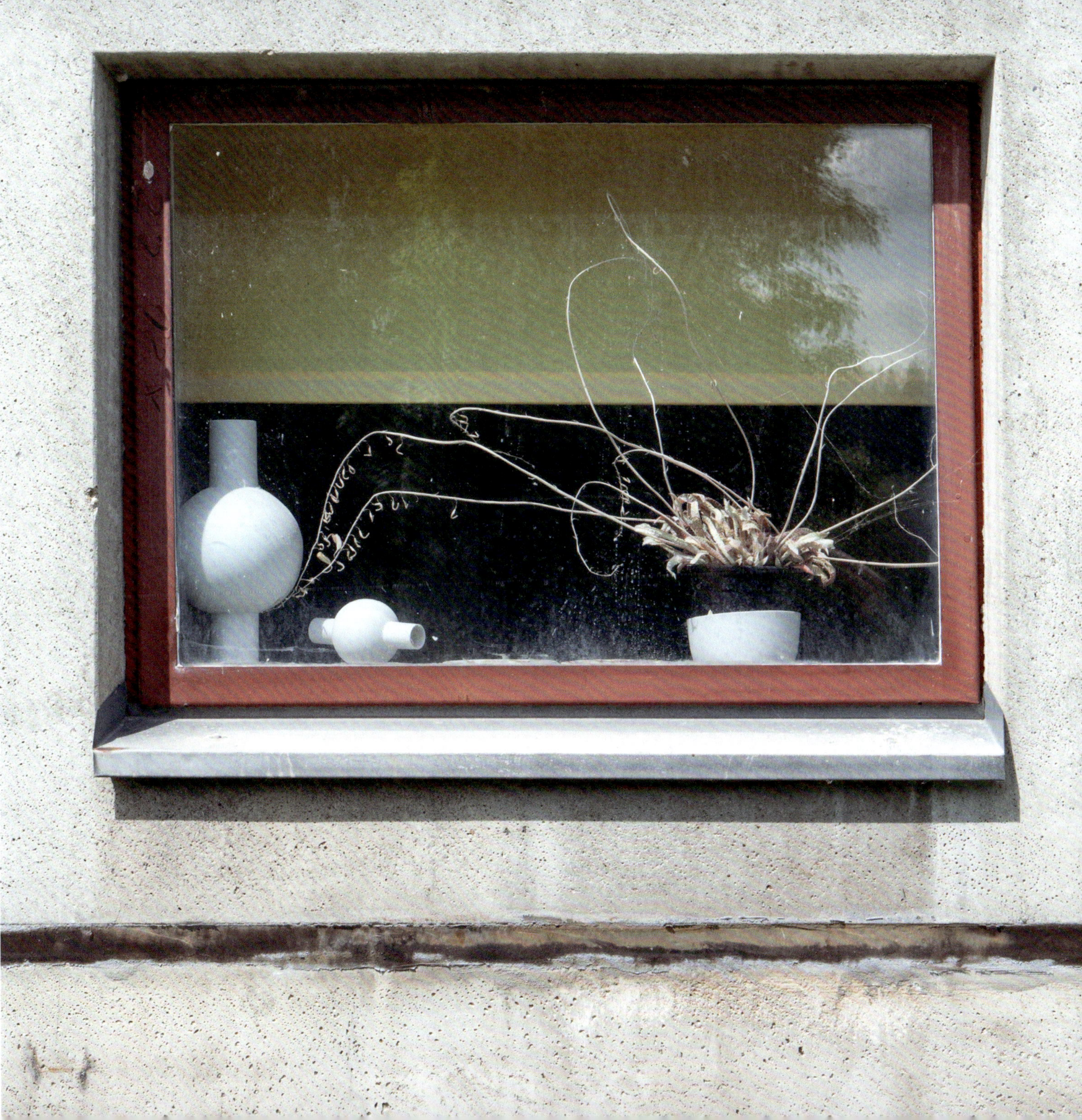

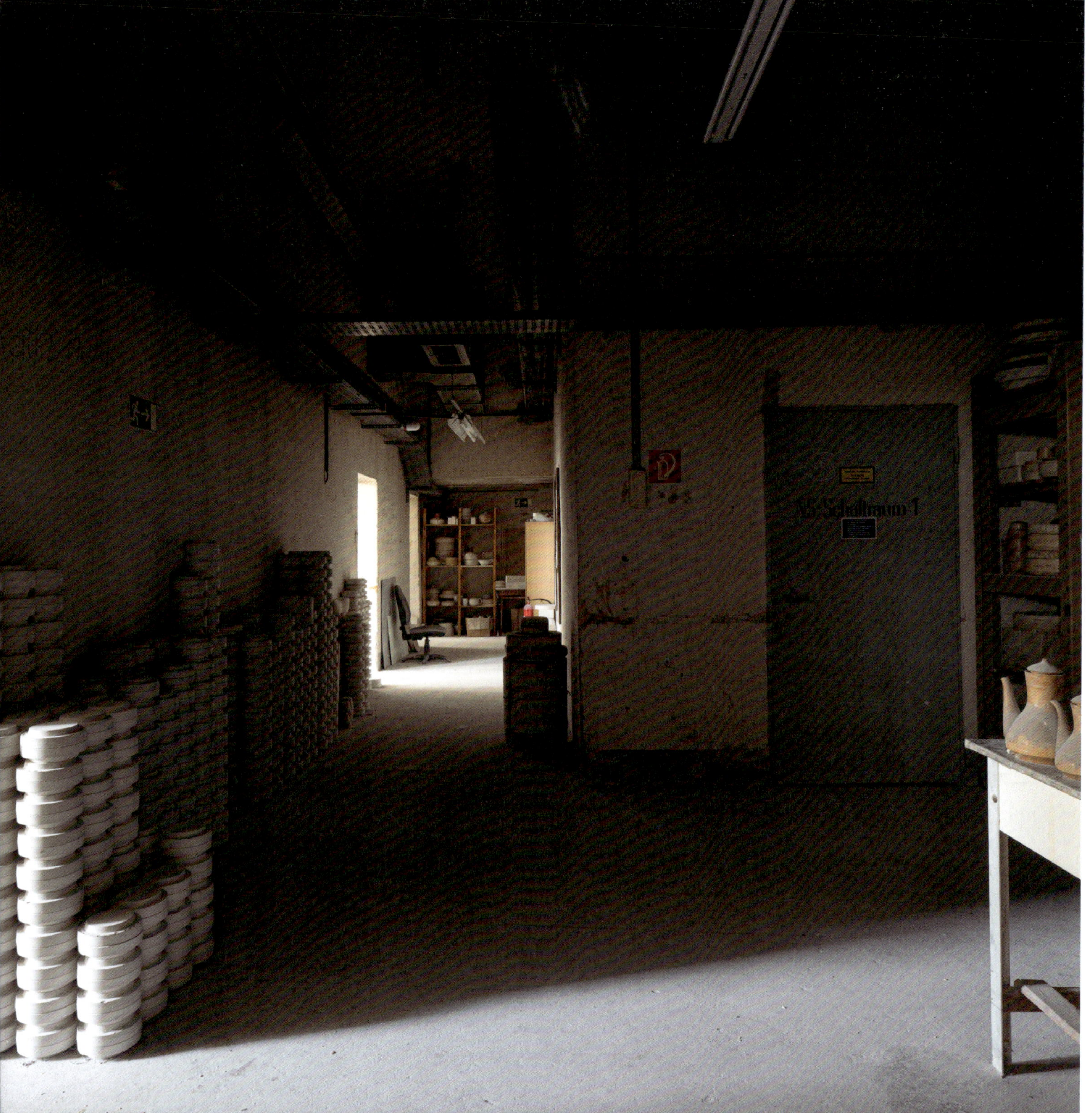
NS-Schaltraum 1

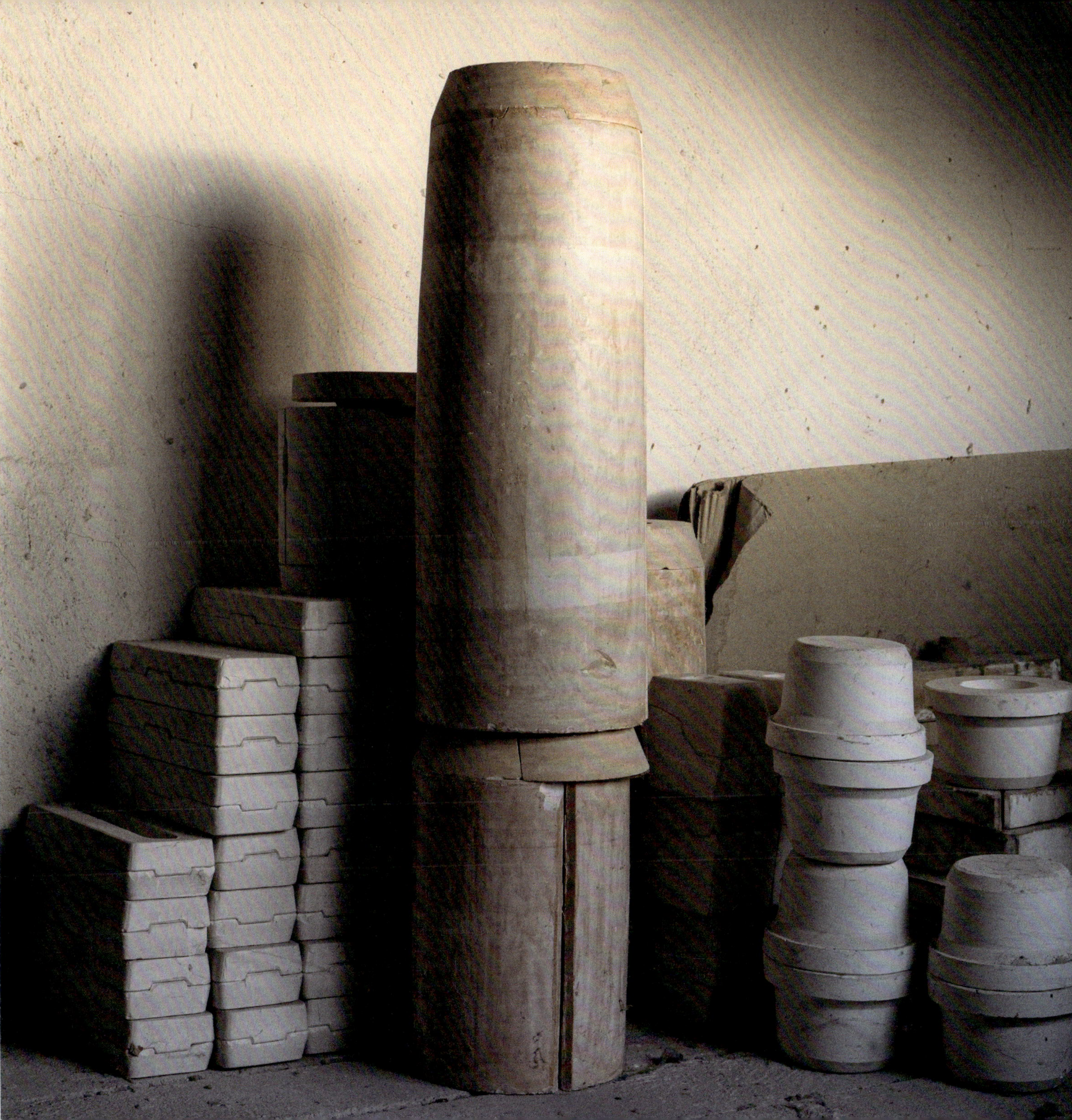

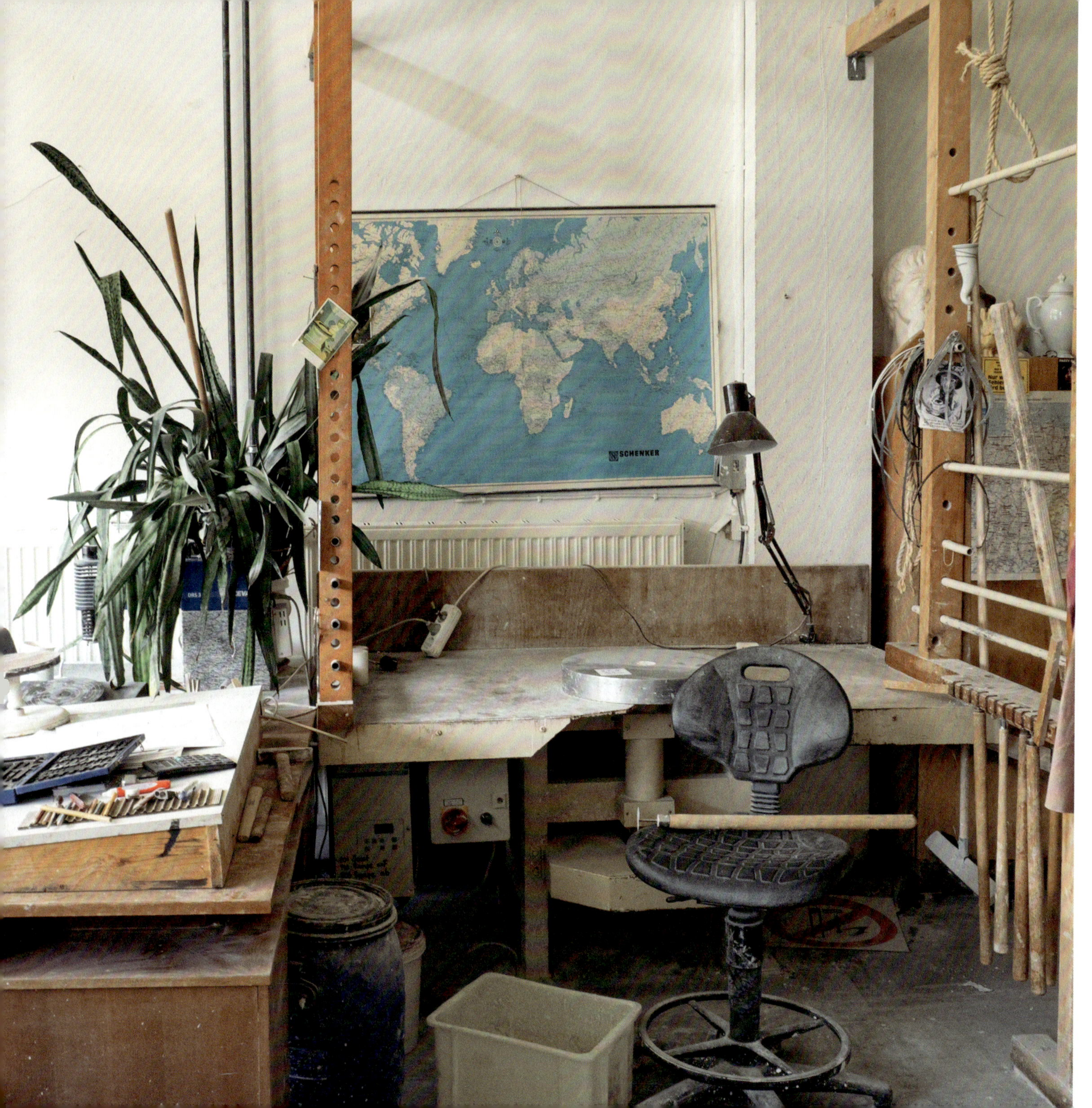
SCHENKER

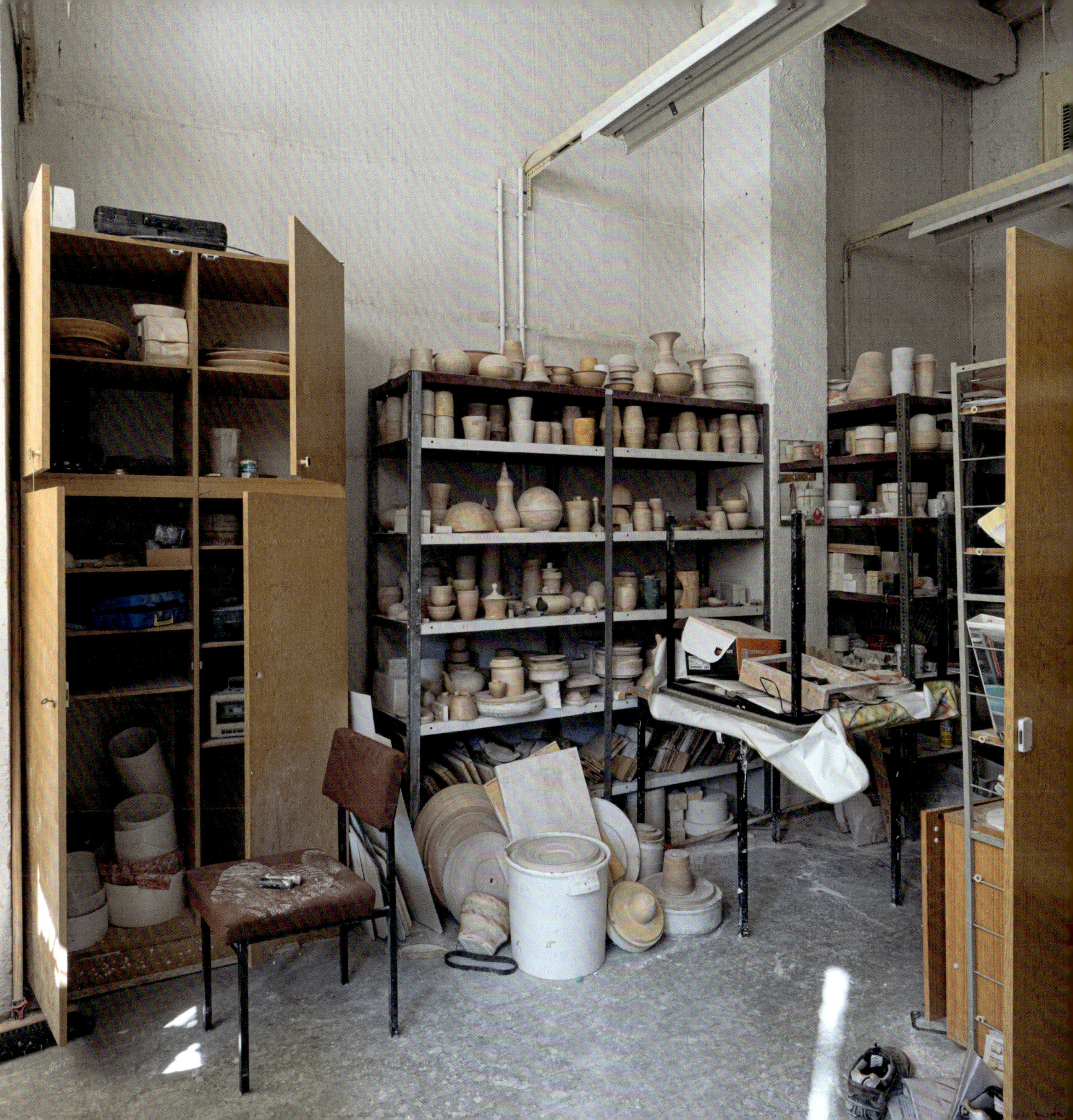

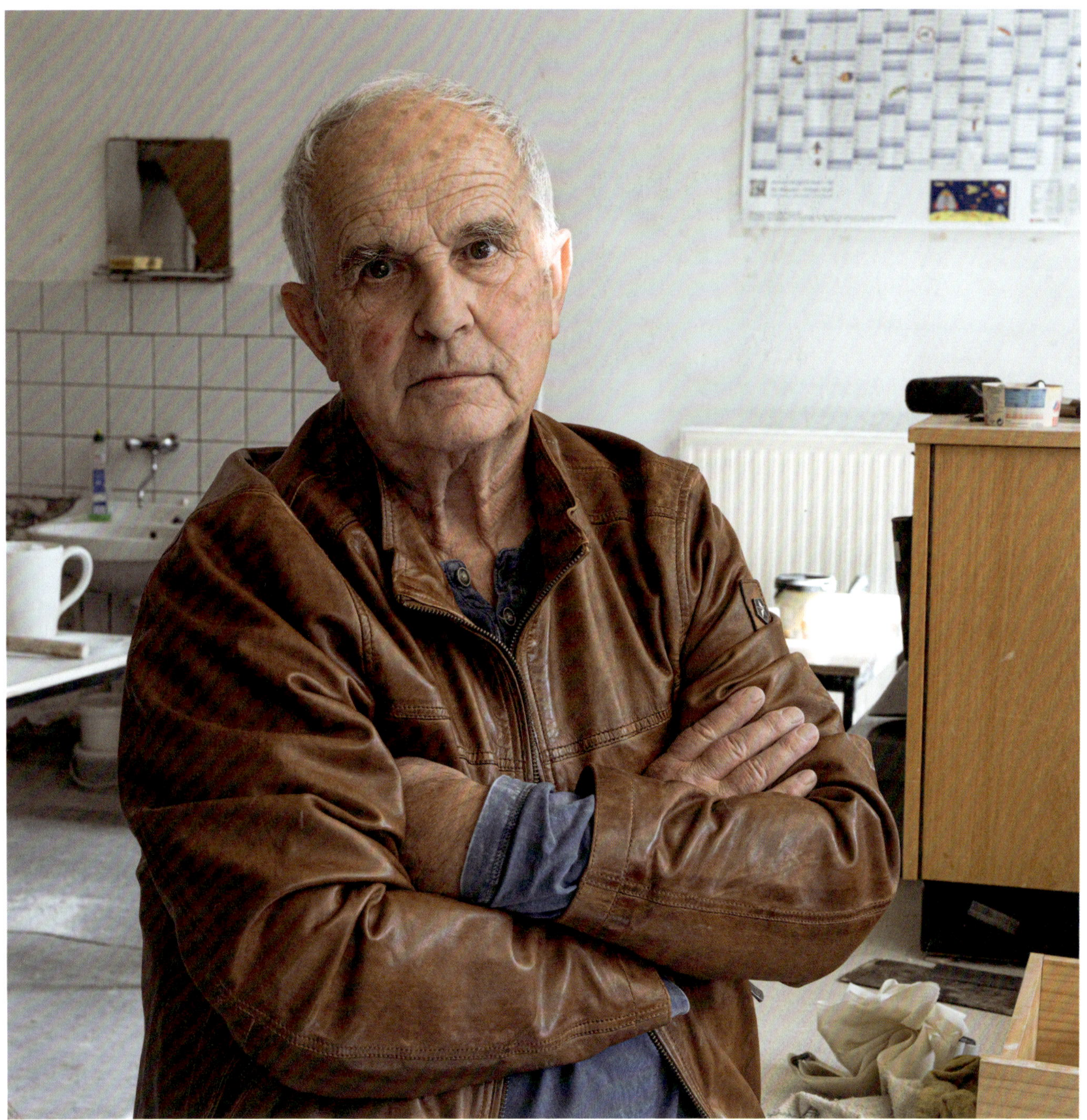

PETER SMALUN

HANDWERK STIRBT AUS UND KULTURGUT VERSCHWINDET

Ende des Zweiten Weltkrieges kam ich als Flüchtlingskind aus Marienburg in Westpreußen nach Blankenhain. Dort bin ich aufgewachsen und zur Schule gegangen. Als Junge wollte ich eigentlich Baumeister werden. Es war ja alles kaputt nach dem Krieg und ich dachte, jemand muss das auch wieder aufbauen.

Nach der Schulzeit lernte ich im VEB Weimar Porzellan den Beruf des Modelleurs bei meinem Lehrmeister Georg Küspert, der aus der bayerischen Porzellanregion stammte und viele Tierfiguren und auch Service für die Porzellanhersteller Rosenthal und Thomas entworfen hat.

Im Anschluss an meine Lehre delegierte mich der Betrieb zur Weiterbildung an die Fachschule für angewandte Kunst Sonneberg und danach zur Ingenieursschule für Keramik Hermsdorf. Als ich meinen Abschluss als Form- und Dekorgestalter in der Tasche hatte, arbeitete ich zunächst im Porzellanwerk Kalk in Eisenberg. Während der zwei Jahre dort als Leiter der Modellabteilung entstand auch meine erste Form namens ›Stella‹, die in Dänemark großen Anklang fand.

Inzwischen war meine Tochter geboren und mir war es wichtig, jeden Tag für sie da zu sein. Da meine Familie weiterhin in Weimar lebte, wechselte ich also 1964 wieder ins Porzellanwerk nach Blankenhain.

Im VEB Weimar Porzellan entstanden bis 1967 viele neue Produkte. So entwarf ich beispielsweise eine vierteilige Vasenserie. Deren Fertigungsprozess war nicht nur technologisch eine Herausforderung, auch die Namensfindung war eine Besonderheit. Die Verwendung von Frauennamen für Formen und Service hatte Tradition. Mir war wichtig, dass es weibliche Namen sind, die mit einem ›i‹ enden. Und ich wollte kurze Namen – als Anspielung auf meine vierteilige Serie eben mit vier Buchstaben. Sie sollten niedlich klingen – und so nannte ich sie ›Boni‹, ›Kati‹, ›Susi‹ und ›Tini‹.

In diesen ersten Jahren bei Weimar Porzellan wurden einige meiner Serviceentwicklungen mehrfach ausgezeichnet. Im Jahr des 800-jährigen Jubiläums der Leipziger Messe erhielt das Teeservice ›Exquisit‹ 1965 eine Goldmedaille und auf dem Concorso Internazionale della Ceramica d'Arte in Faenza ein Diplom. Die gleiche Ehre wurde ein Jahr später auch dem Déjeuner (ein Frühstücksgeschirr) ›Romania‹ zuteil. Ebenfalls in den 1960er-Jahren entstanden das Mokkaservice ›Roxane‹ sowie das für Kaffee, Mokka und Speisen ausgebaute Service ›Eleganz‹.

Diese Entwürfe entstanden damals als Reminiszenz an das Bauhaus – das nahende 50-jährige Jubiläum des Bauhauses 1969 gab den Anlass, schlichte und moderne Formen zu kreieren. Viele meiner Entwürfe aus dieser Zeit wurden bis weit in

PETER SMALUN

»WIR ALS DDR-DESIGNER WURDEN NACH DER WENDE NICHT BEACHTET, ALS HÄTTEN WIR NIE EXISTIERT.«

Der Formgestalter Peter Smalun, Jahrgang 1939, war von 1964–1970 bei Weimar Porzellan tätig. Er entwarf etliche preisgekrönte Porzellanprodukte und ist bis heute gestalterisch überaus produktiv.

die 1980er-Jahre produziert – lange nachdem ich das Unternehmen bereits verlassen hatte.

1967 wurde ich im Auftrag der DDR für zwei Jahre nach Damaskus geschickt. Ich sollte dort mithelfen, eine Porzellanfabrik aufzubauen. Meine Aufgabe war es, die Modellabteilung, die Formengießerei sowie die Dekoration zu projektieren und die Werktätigen vor Ort auszubilden. Nach meiner Rückkehr nach Blankenhain machte ich mich gleich daran, die arabischen Eindrücke in neue Formen umzusetzen, und es entstand die umfangreiche Serviceform ›Harmonie‹, die zu einem großen Erfolg für Weimar Porzellan wurde.

In Blankenhain war ich noch bis 1970 tätig, bevor ich zum Aufbau einer neuen Porzellanfabrik nach Ilmenau berufen wurde. Das Werk in Ilmenau wurde zu dieser Zeit zum größten und modernsten Porzellanwerk der DDR ausgebaut.

Als Abteilungsleiter der Formgestaltung konnte ich innerhalb der sieben Jahre dort insgesamt 13 Formentwicklungen zur Produktionsreife führen. Darunter waren auch zwei eigene Schöpfungen, das Kaffeeservice ›Hera‹ und das Speise-, Kaffee- und Mokkaservice ›Diana‹ – benannt nach den bekannten Götterdamen.

Während meiner Ilmenauer Zeit habe ich außerdem noch ein Externastudium in Halle an der Hochschule für industrielle Formgestaltung – Burg Giebichenstein begonnen und dieses 1979 als Diplom-Formgestalter abgeschlossen.

Neue Herausforderungen boten sich mir zwischen 1977 und 1986 im VEB Eisenhüttenwerk Thale mit einer Tätigkeit als Forschungsingenieur. Neben der gestalterischen Arbeit an neuen Töpfen und Brätern aus Stahl entwickelte ich in Zusammenarbeit mit der Technischen Hochschule Ilmenau und dem Glaswerk Ilmenau neue temperaturwechselbeständige Griffelemente. Diese waren aus dem damals neu erforschten silikatischen Gusswerkstoff Ilmavit. Es gab eine breite Farbpalette, einschließlich Metallicfarben. Gerade diese Verbindung zwischen technischer Innovation und formaler Gestaltung ist für mich das Spannende am Design.

Seit 1986 arbeite ich als freischaffender Künstler in meinem eigenen Keramikatelier. Hier beschäftige ich mich vorwiegend mit Fayencen, eine Keramiktechnik aus dem 17. Jahrhundert, die sehr beliebt war, bevor die Porzellanherstellung in Europa glückte. Doch auch dem Porzellandesign bin ich treu geblieben und habe für ein ausländisches Porzellanwerk im Mittleren Osten zahlreiche Formen gestaltet.

Wenn ich mir heute für Blankenhain etwas wünschen könnte, wäre es ein Museum, in dem die Erzeugnisse von Weimar Porzellan gezeigt werden.

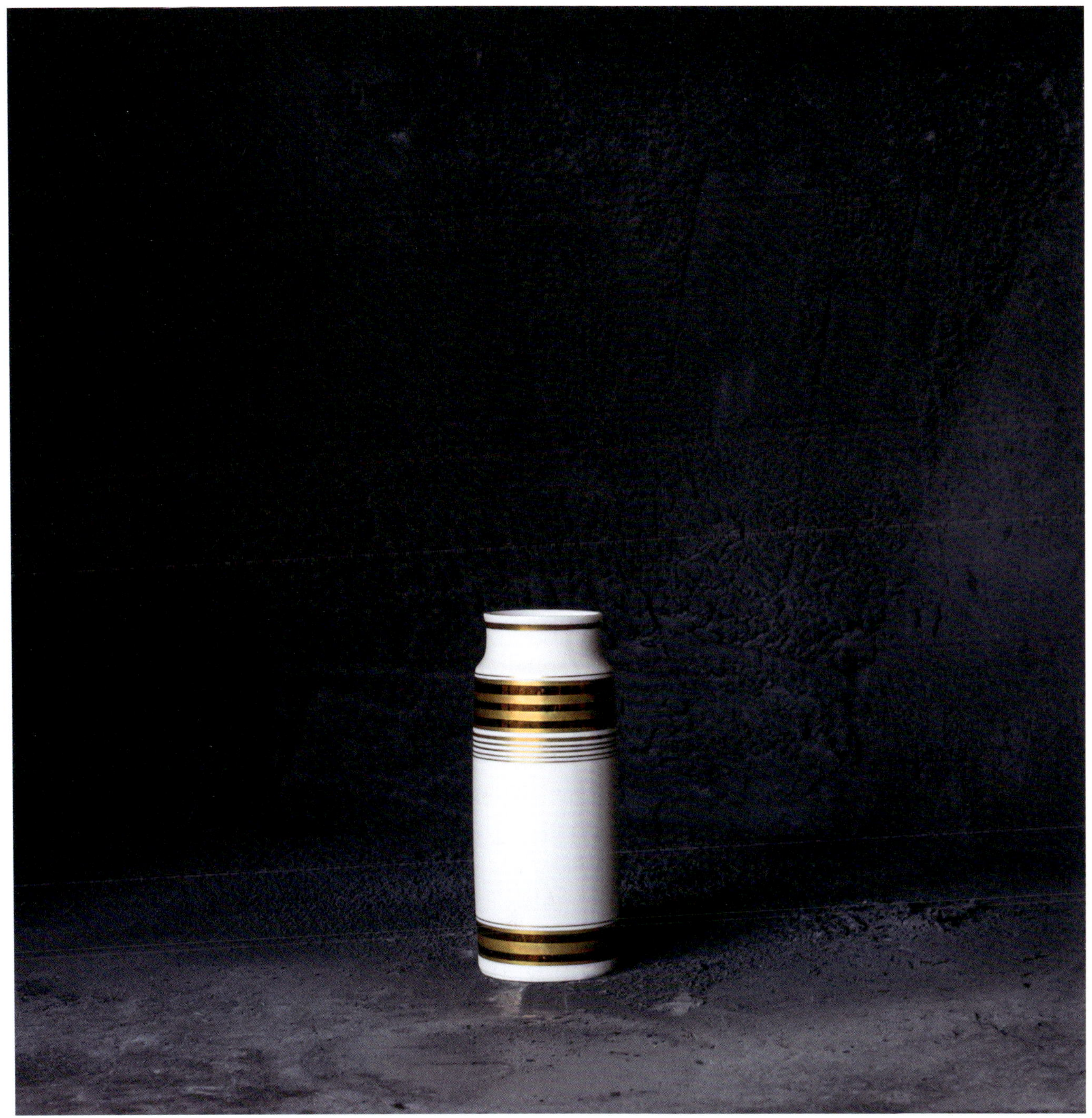

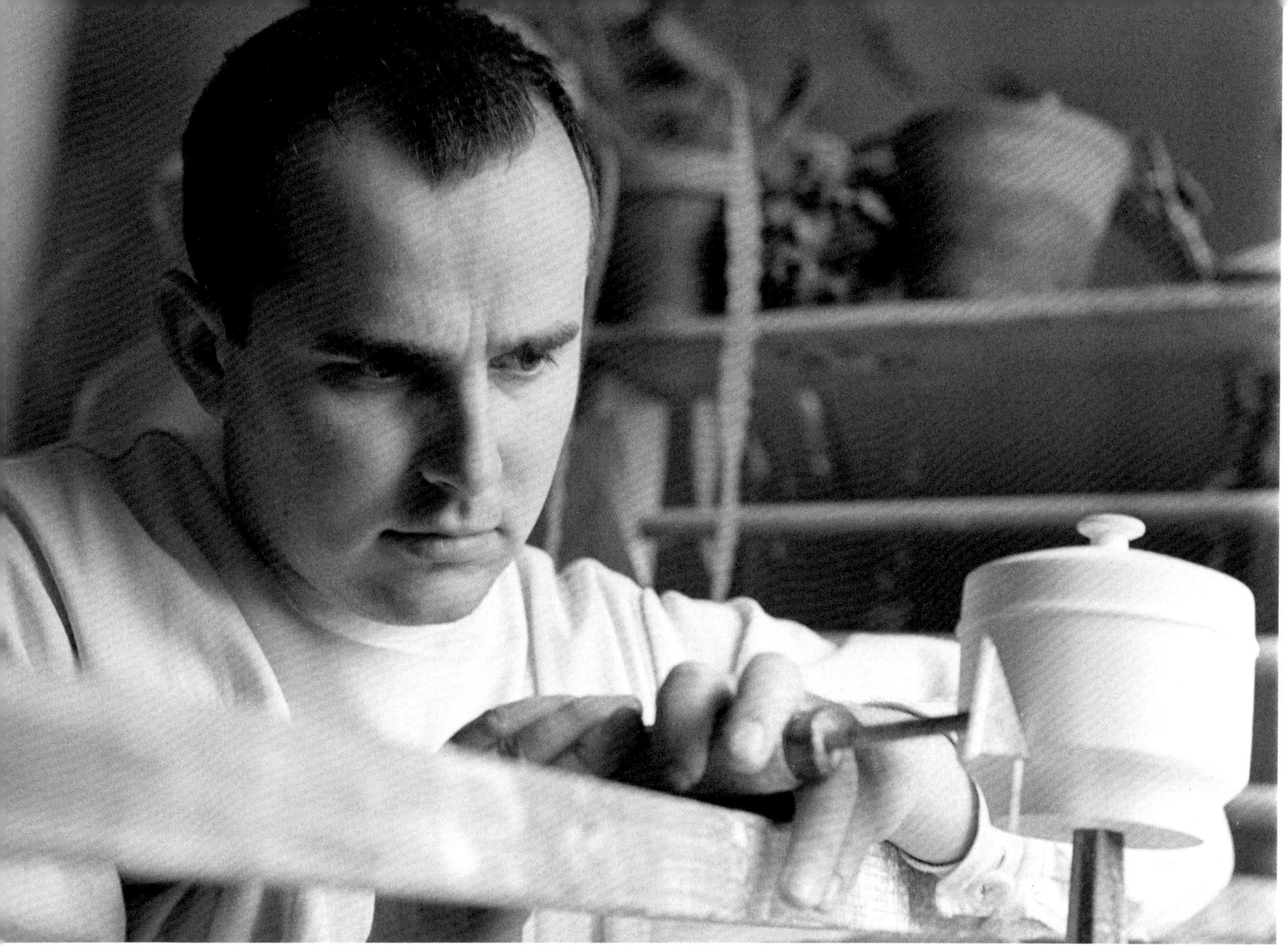

MODELLABTEILUNG

Das 1964 von Peter Smalun entwickelte Service ›Babette‹ fand besonders beim Schweizer Messepublikum 1966 in Leipzig großen Anklang. Doch da dieser Name in der Schweiz negativ besetzt ist, wurde aus ›Babette‹ ›Eleganz‹.

ENTWURF: Die Modelle für rotationssymmetrische Formen werden auf der Gipsdrehscheibe gefertigt. Der Gipskern steckt dabei auf einem metallenen Dorn und wird mit verschieden geformten Abdreheisen bearbeitet.

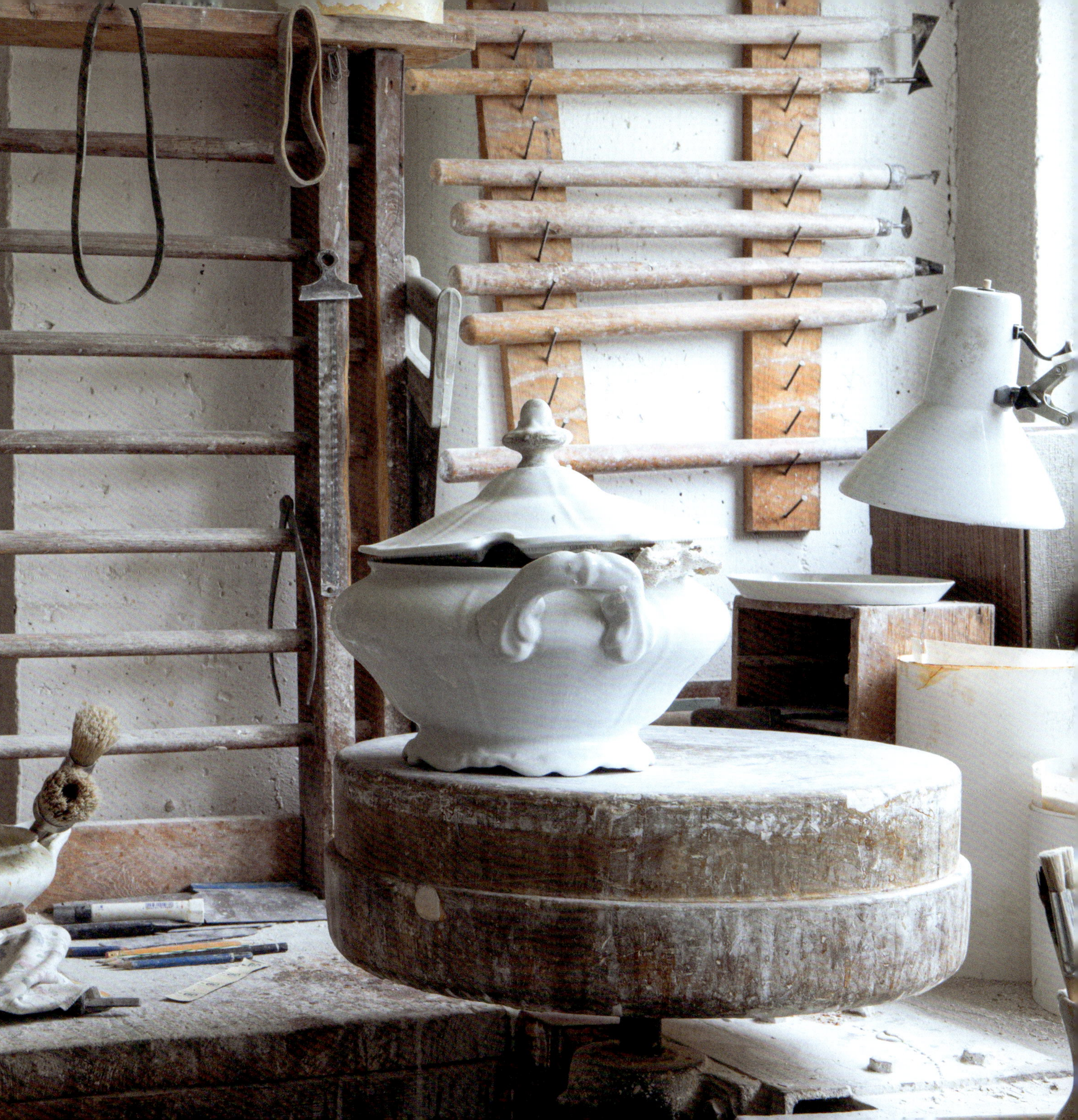

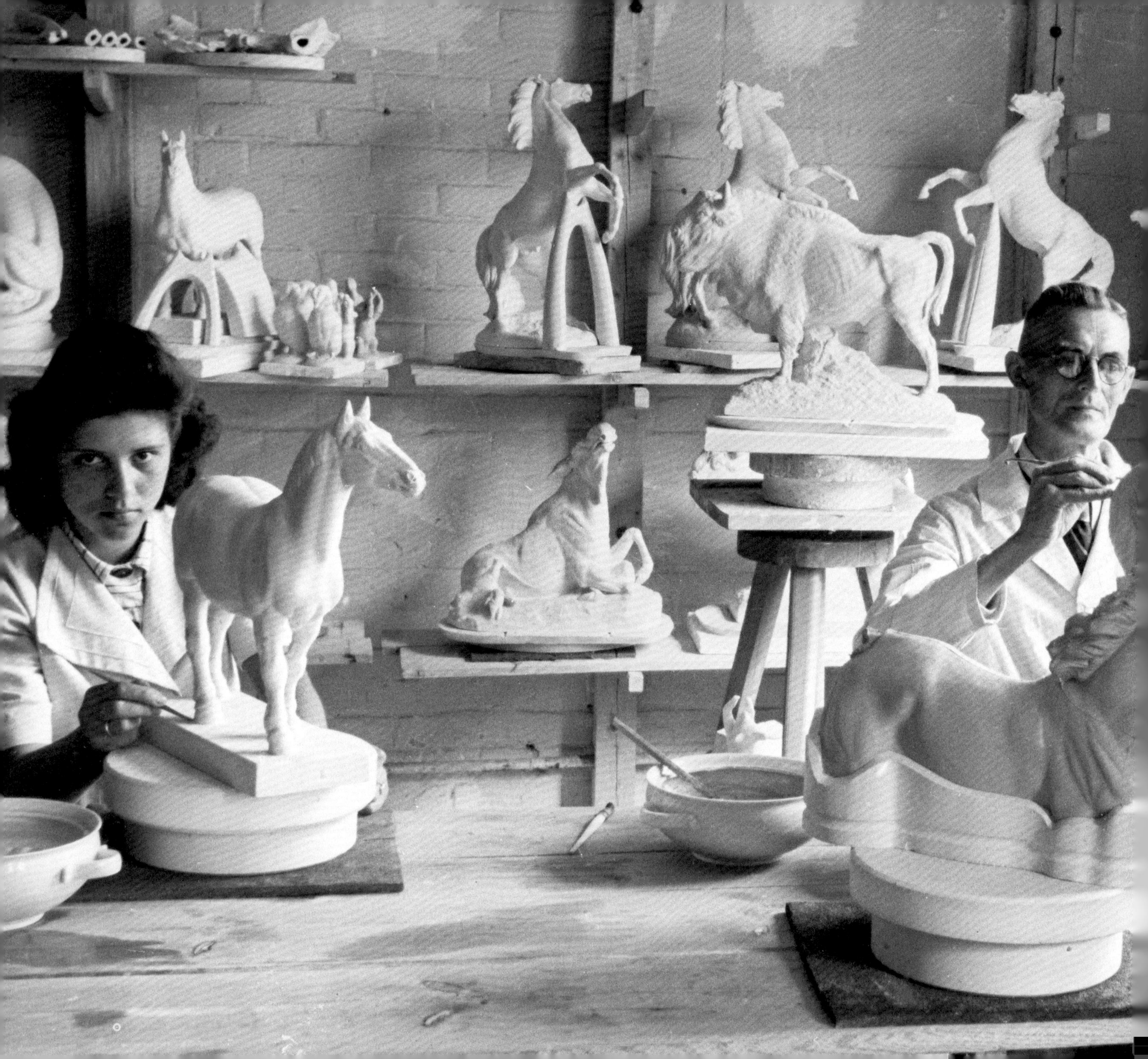

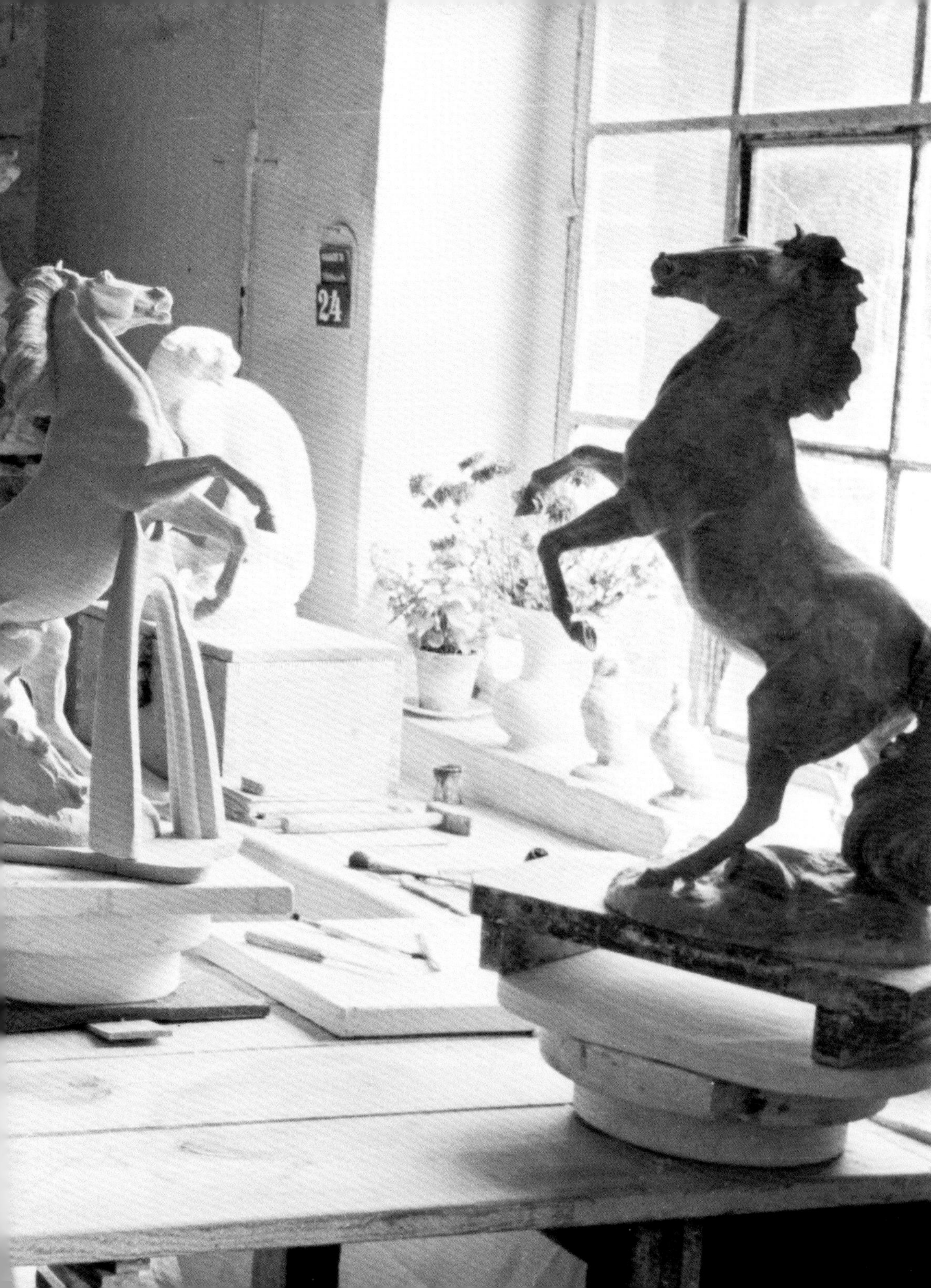

TIERPLASTIKEN

Zwischen 1948 und 1950 wurden bei Weimar Porzellan auch Tierplastiken gefertigt. Ein Bossierer der Manufaktur aus Meißen lernte einige Arbeitskräfte in Blankenhain an. Nachdem in Meißen ab 1950 die Produktion von Plastiken wieder florierte und dort die Voraussetzungen besser sowie auch die Fachkräfte verfügbar waren, stellte Weimar Porzellan diese Produktsparte in Blankenhain wieder ein.

BOSSIEREN: Eine Figurenplastik wird aus vielen zuvor einzeln ausgeformten Porzellanrohteilen zusammengesetzt. Dabei werden die Teile sorgfältig mit Masseschlicker zusammengefügt und Nahtstellen und Reliefdetails aufwendig verputzt und nachbearbeitet.

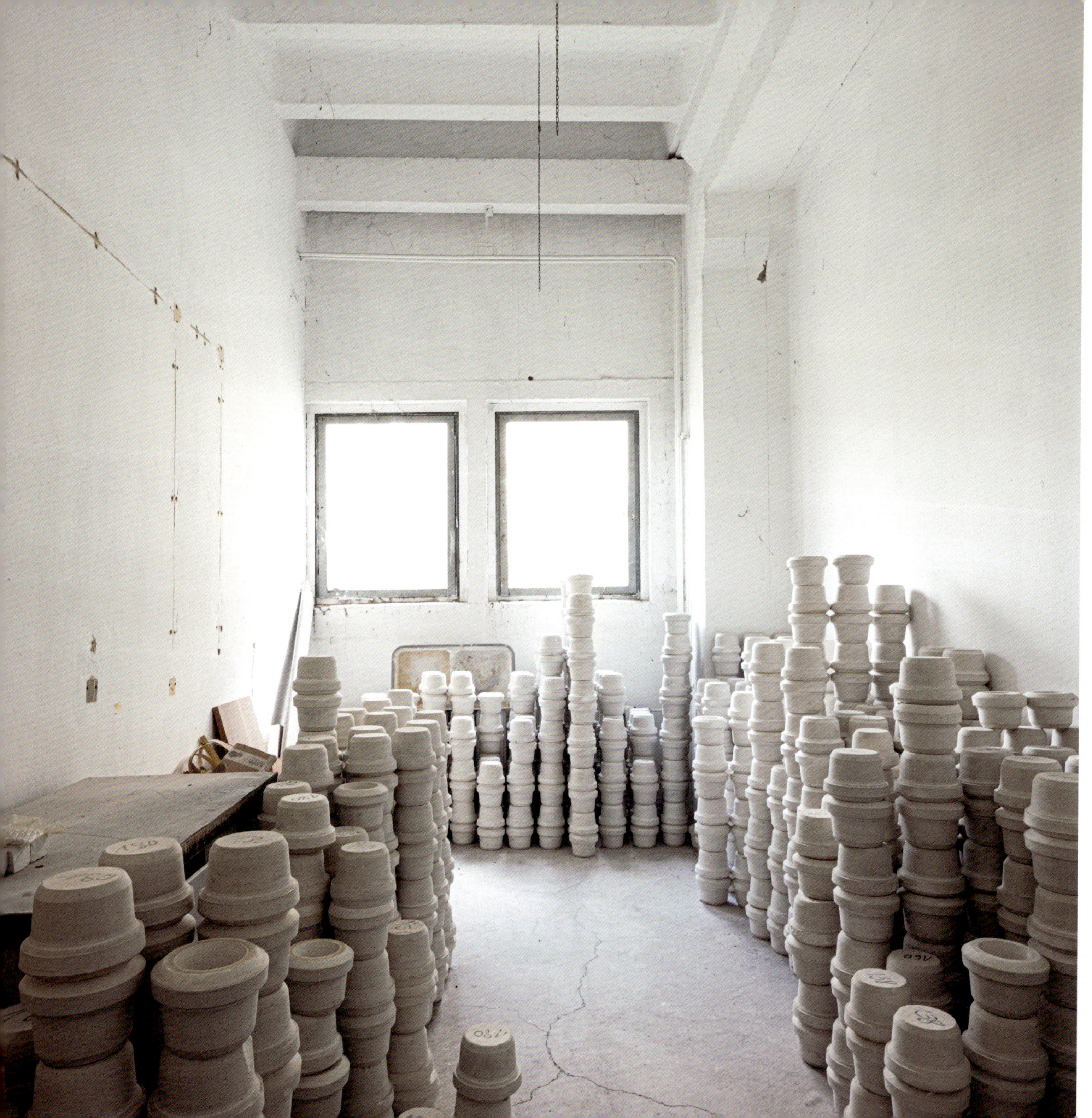

FORMGIESSEREI

Bis aus einem Entwurf ein fertiges Porzellanprodukt wurde, waren viele Arbeitsschritte nötig. Die Einrichter fertigten dabei für die verschiedenen Herstellungsabteilungen die sogenannten Arbeitsformen an.

MUTTERFORM UND ARBEITSFORM: Vom Modell wird eine Mutterform gefertigt und diese dann zur Herstellung von mehrteiligen Arbeitsformen genutzt. Diese Positiv-/Negativabformungen sind meist aus Gips. Erst ab den 1960er-Jahren erleichtert die Einführung von Kunstharz zur Fertigung von Mutterformen diesen Arbeitsbereich und garantiert eine bessere Haltbarkeit.

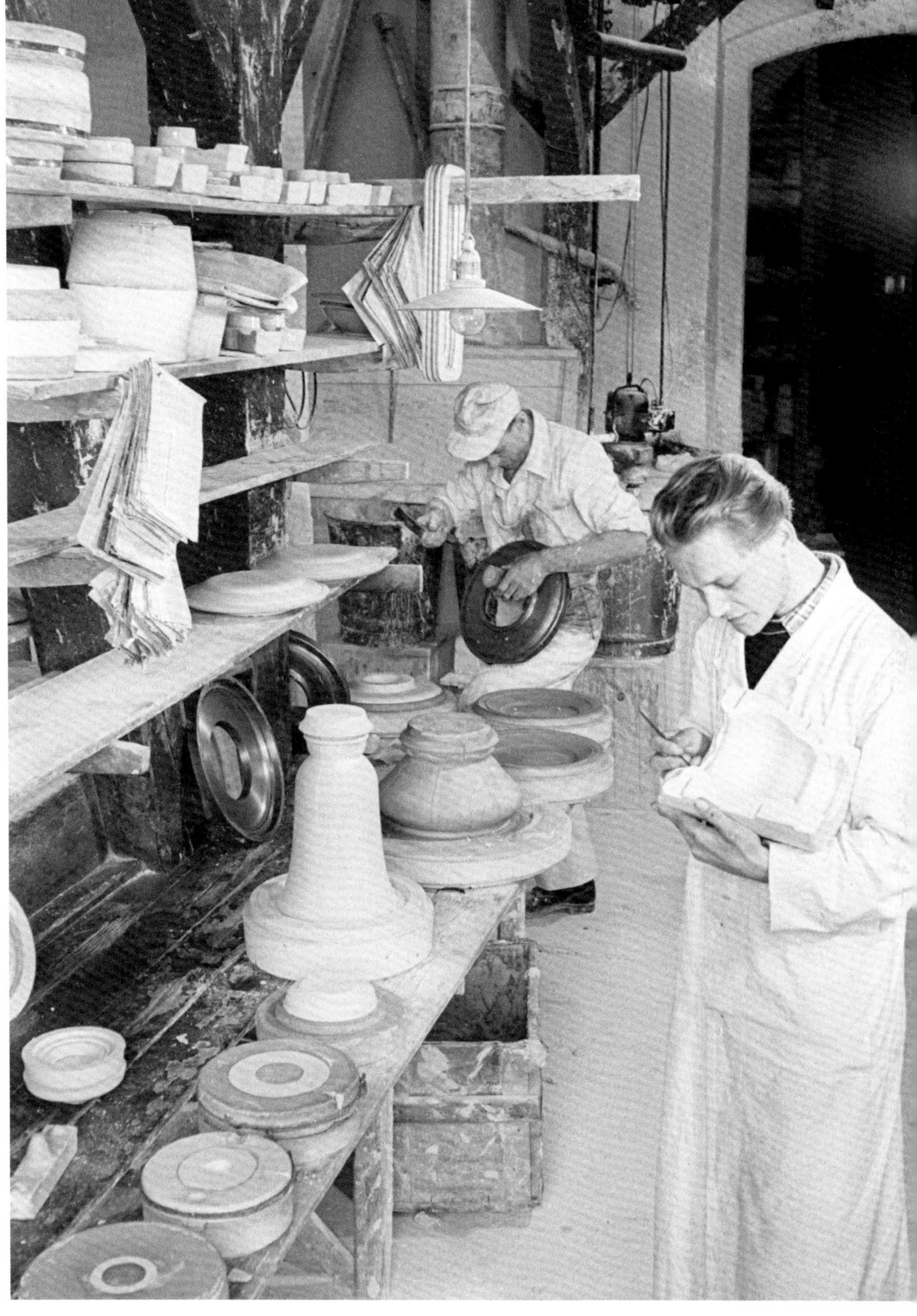

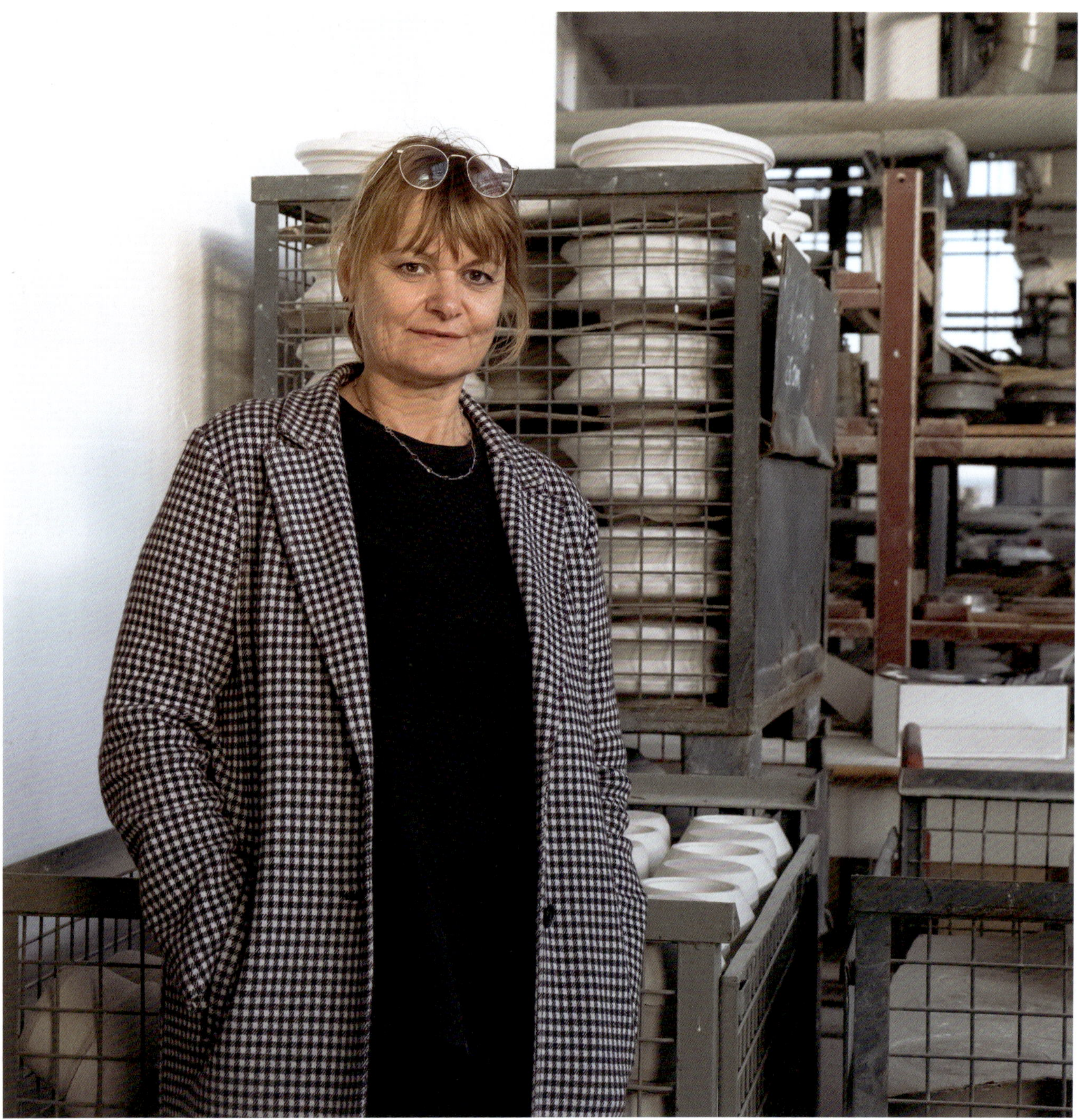

ANKE FEW

HIER STAND MEINE BERUFLICHE WIEGE

Einen Beruf zu ergreifen, in dem ich etwas mit meinen Händen gestalten kann, kam mir schon sehr früh in den Sinn. Eine Töpferlehre war in der DDR jedoch nur mit Beziehungen möglich, und die Alternative war, etwas mit Porzellan zu machen. Doch auch mein ursprünglicher Wunsch, den Beruf des Keramformers zu erlernen, klappte nicht. Wie es der DDR-Plan wollte, wurden in meinem Schulabgangsjahr 1980 nur Porzellanmaler und -dekorierer ausgebildet – also habe ich das gelernt. Ich bin dann mit 16 Jahren von Weimar, wo ich mit meinen Eltern wohnte, in das Lehrlingswohnheim des damaligen VEB Weimar Porzellan nach Blankenhain gezogen, in ein Neubaugebiet mit Wohnblöcken, das man im Volksmund ›Manhattan‹ getauft hatte. Als wir ›Stifte‹ dort anfingen, wurde das Werk in Blankenhain gerade umgebaut und wir konnten beispielsweise noch die alten gemauerten Rundöfen im Einsatz erleben. Später ist ausschließlich mit modernen, leistungsfähigeren Tunnelöfen gearbeitet worden.

Die Lehre zum Porzellanmaler bestand aus reiner Handarbeit. Wir mussten all die traditionellen Methoden und Materialien lernen und uns mit den Techniken vertraut machen. In den 1980er-Jahren haben wir in der ›Porzelline‹, wie wir das Werk damals nannten, umfänglich für den Export produziert. Das bedeutete, die Weißware wurde großflächig und absatzfördernd mit Kobalt, Goldstaffagen, Buntdrucken und Goldstempeln dekoriert. Die Mitarbeiter durften übrigens, wenn überhaupt, nur die minderwertigere Qualität im Werksverkauf erwerben. Die damalige DDR war ja dringend von Devisen abhängig.

Das Arbeiten am und mit dem Porzellan hat mir viel Spaß gemacht, aber mir war auch bewusst, dass ich niemals eine begnadete Malerin sein würde. Ich bin mehr an den technologischen als an den künstlerischen Prozessen interessiert gewesen und ich beschloss, Technologie der Feinkeramik an der damals gut ausgestatteten, etablierten Ingenieurschule für Elektrotechnik und Keramik in Hermsdorf zu studieren.

Während meines Studiums konnte ich ab und an in der Produktion von Weimar Porzellan arbeiten, damit Geld verdienen und bekam so die Möglichkeit, alle technologischen Prozesse zu durchlaufen, was im Rahmen des Studiums äußerst förderlich war. Nach meinem Ingenieurstudium hatte ich die Wahl, als Schichtleiter bei Weimar Porzellan zu arbeiten oder vertretungsweise die angehenden Kerammaler und Techniker an der Berufsschule in Blankenhain zu unterrichten. Letzteres sah ich als große Herausforderung an und habe mich dafür entschieden. Bald darauf kam die Wende und meine Wege führten mich erst weg von der Keramik und später auch weg aus Deutschland. Die Liebe zum Werkstoff Porzellan ist jedoch geblieben. Während meines späteren

ANKE FEW

»WEIMAR PORZELLAN IST EIN SEHNSUCHTSORT FÜR MICH.«

1980–1982 legte Anke Few, Jahrgang 1963, ihren beruflichen Grundstein mit einer Porzellanmalerlehre bei Weimar Porzellan. Danach folgten etliche fachliche Qualifizierungen und viele Jahre im Ausland – heute lebt sie als Restauratorin in Weimar.

Studiums der Restaurierung und Konservierung von Kunst und Kulturgut habe ich mir als Schwerpunkte die mineralischen Werkstoffe gesetzt, zu denen Porzellan, Glas, Stein und Baustoffe gehören. Die Grundlagen der dafür notwendigen Materialkunde wurden definitiv in Blankenhain gelegt. Ohne diese Erfahrungen wäre ich in meinem Beruf heute nicht da, wo ich mich im Moment befinde. So bin ich in meiner Funktion als Restauratorin in der Lage, keramische Sammlungsbestände im Hinblick auf ihre historischen Dekorationstechniken und Materialien zu untersuchen, zu erkennen und zu bestimmen – für mich ein absolutes Geschenk.

Der Kontakt zu Weimar Porzellan und einigen seiner Mitarbeiter ist niemals ganz abgebrochen. Ich wusste immer, was gerade los war, sei es durch meine regelmäßigen Besuche des Werksverkaufs oder die direkten Kontakte zu ehemaligen Kollegen. Zwischenzeitlich hatte ich sogar ein kurzes berufliches Intermezzo als Technologe in der Weißproduktion. Es war ein Déjà-vu-Erlebnis und hat meine Liebe für Porzellan erneut entfacht. Mich wieder in der Produktionshalle zu betätigen, mit bekannten Kollegen zu arbeiten und technologische Probleme zu lösen war einfach schön, erfüllend und produktiv. Jeder Besuch in der Porzellanfabrik weckte alte Erinnerungen. Schon beim Betreten der Produktionshalle strömte immer ein so typischer, unverwechselbarer Geruch in meine Nase.

In Blankenhain stand meine berufliche Wiege und ich habe mich dem Ort und den Menschen über all die Jahre verbunden gefühlt. Mit der Schließung des Werks gehört das nun endgültig der Vergangenheit an.

Es schmerzt mich, dass neben den persönlichen Verlusten der Belegschaft durch das Aus von Weimar Porzellan nun auch eine der letzten Bastionen der traditionellen Handwerkskunst in der Porzellanherstellung gefallen ist. Meiner Meinung nach zu kurz gedacht und, soweit ich es beurteilen kann, vollkommen sinnlos. All die handwerklichen Fähigkeiten und Fertigkeiten, die über einen Zeitraum von 230 Jahren Firmengeschichte entwickelt und weitergegeben wurden, sind für immer verloren. Es ist eine Utopie zu glauben, dass all das wieder aktiviert werden könnte. Damit ist auch ein Teil unserer vielfältigen Thüringer Kulturgeschichte ausgelöscht.

Es wäre mir ein Herzenswunsch, die verbliebenen historischen Zeugnisse der brillanten Handwerkskunst bei Weimar Porzellan an einem geeigneten Platz am Ort des Geschehens zu wissen. So würde die jahrhundertelange Geschichte der Porzellanherstellung in Blankenhain für die Nachwelt erhalten bleiben. Man hätte die Möglichkeit, dieses außergewöhnliche kulturelle Erbe zu bewahren, weiter zu erforschen und einem interessierten Publikum – in welcher Form auch immer – zu vermitteln.

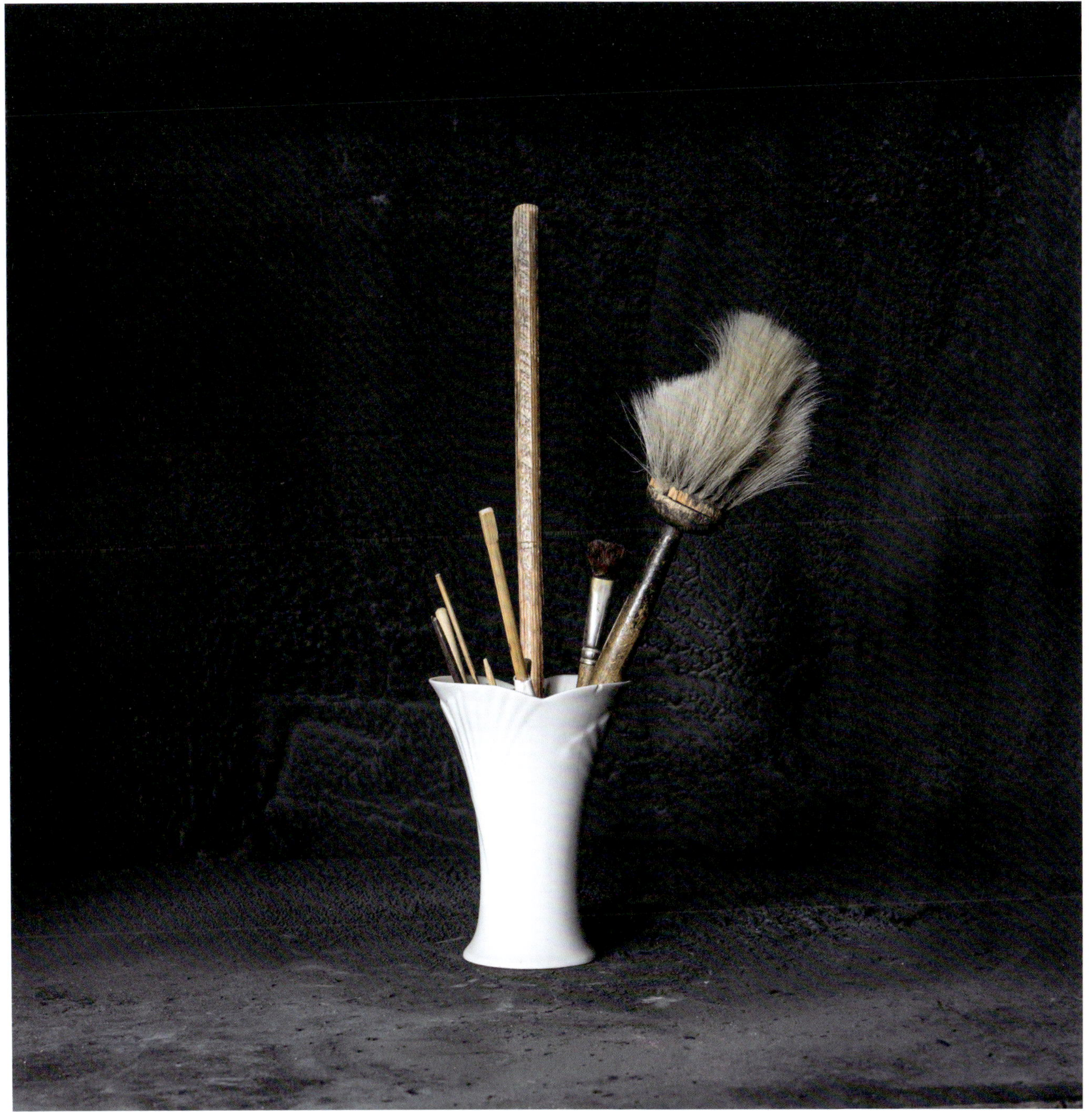

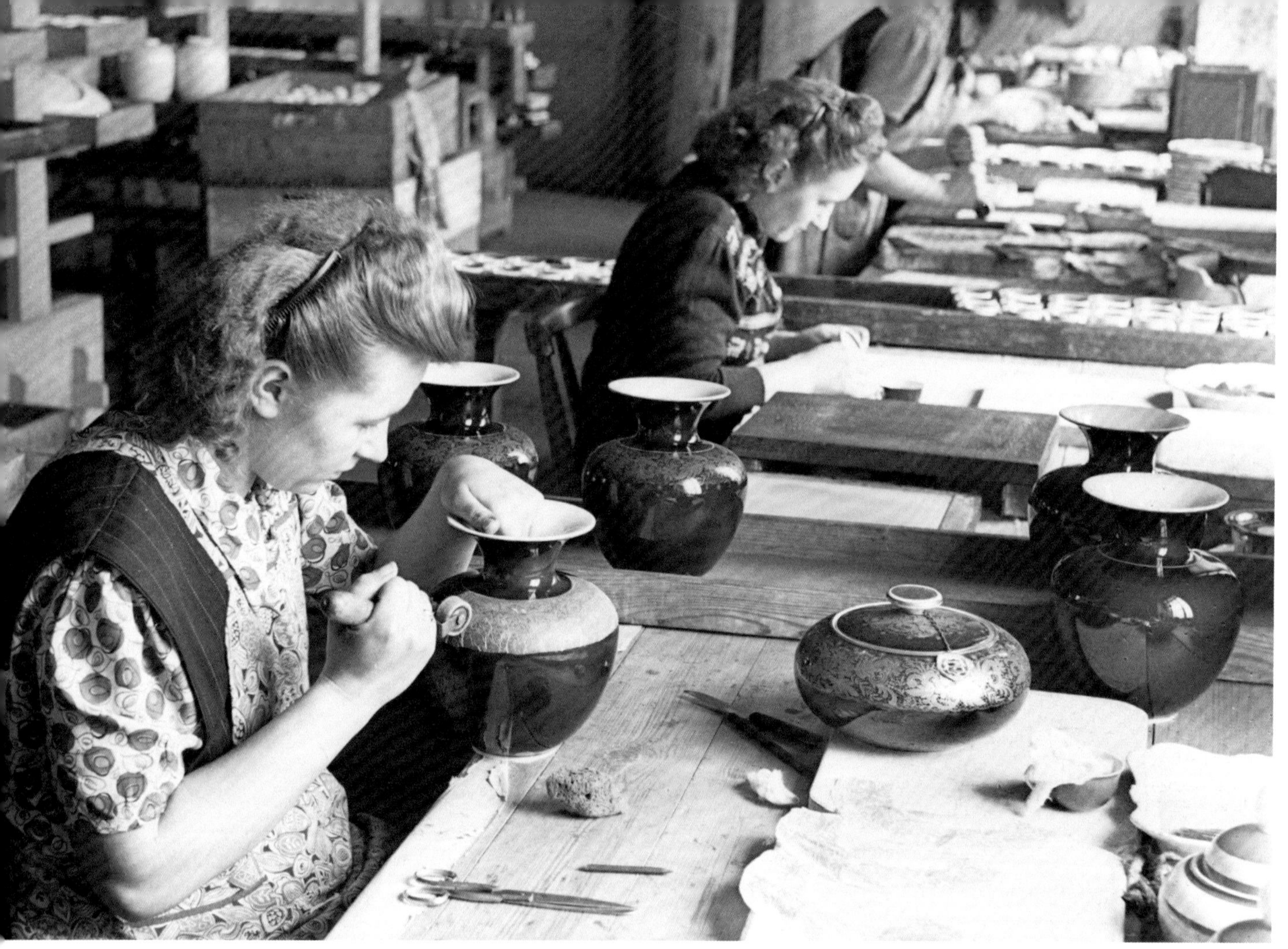

STAHLDRUCKEREI

Aufwendige Goldornamente wurden als Stahlstichdekore gefertigt und auf die zu verzierenden Gegenstände aufgetragen. Vor dem Brand puderte man zusätzlich diese Dekorpartien nochmals mit Goldstaub.

UMDRUCK: Von einer Platte aus Stahl oder Stein, auf der die Muster eingraviert sind, wird die später aufgetragene keramische Farbe oder Gold mittels Druck auf Seidenpapier übertragen und dieses dann auf die Porzellanoberfläche aufgebracht.

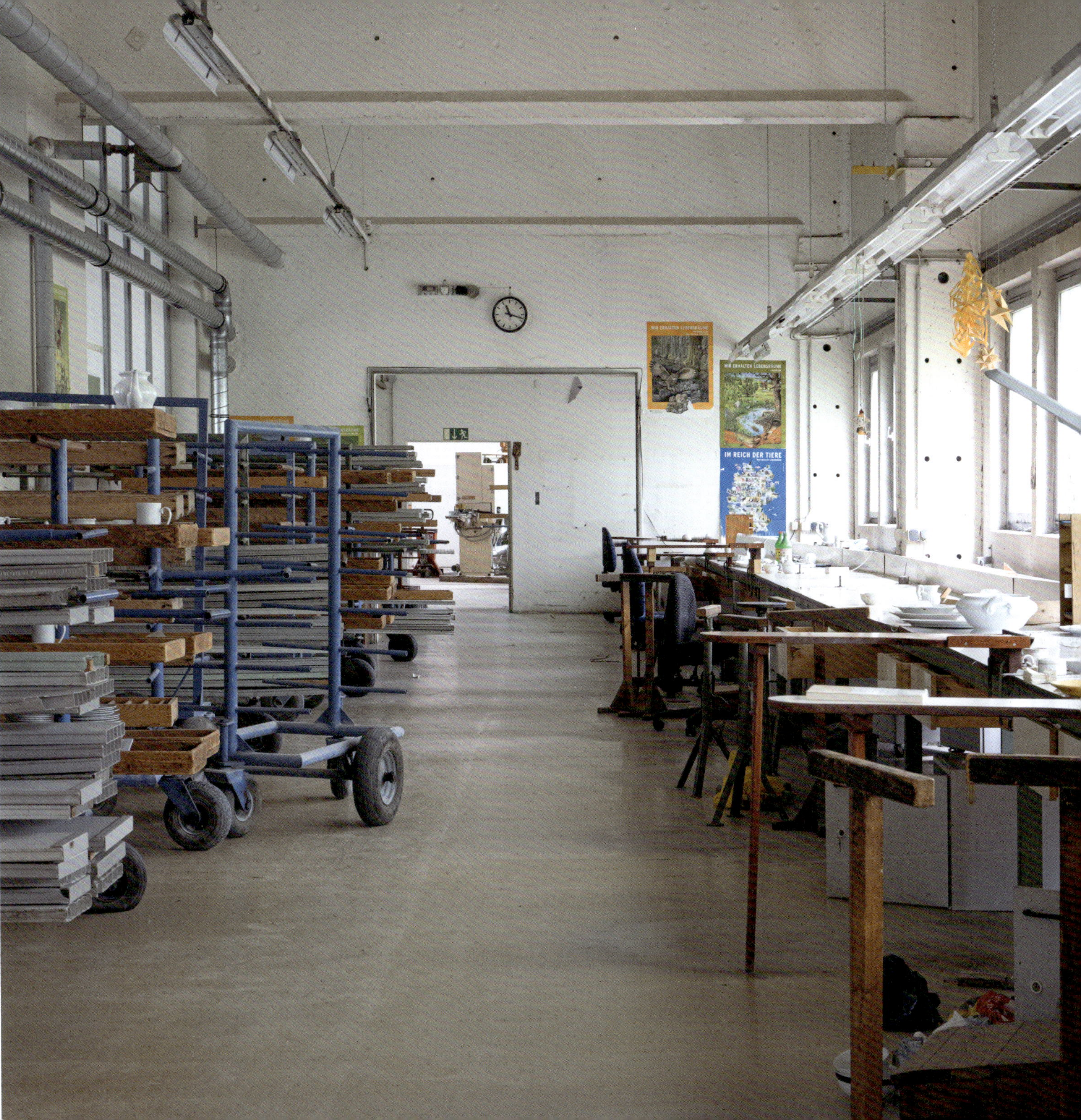
WIR ERHALTEN LEBENSRÄUME
WIR ERHALTEN LEBENSRÄUME
IM REICH DER TIERE

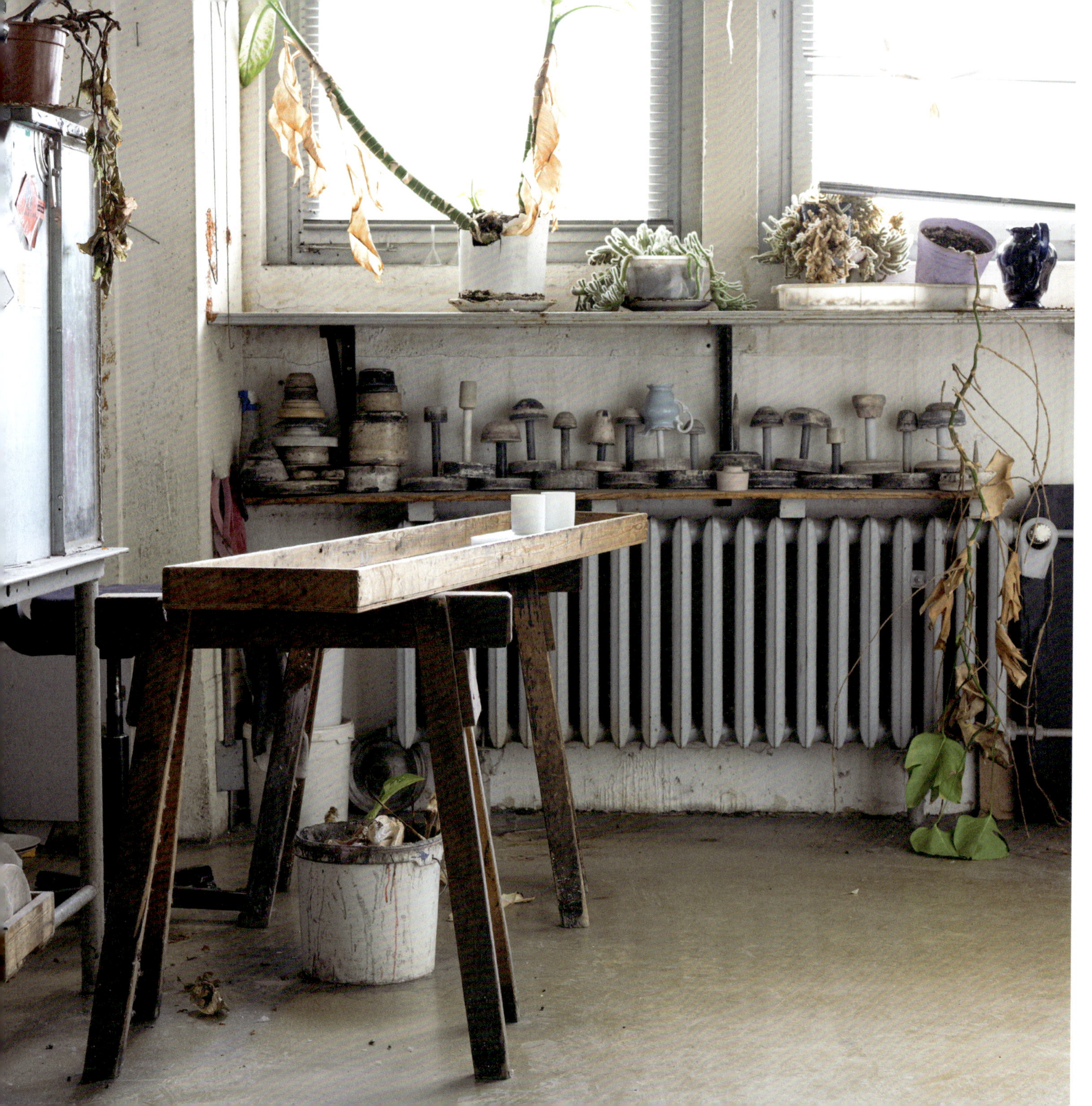

›ECHT WEIMAR-KOBALT‹

Verbunden mit der Ära Carstens (ab 1918) ist die Einführung der Weimarer Kobaltdekoration. Diese war fortan ein Markenzeichen von Blankenhain. Für einen großflächigen Farbauftrag wurden die Porzellanobjekte in Spritzkabinen besprüht.

KOBALT-PORZELLAN: Ein Gemisch aus Glasur und Kobaltoxid wird auf das fertige weiße Porzellanstück aufgetragen und anschließend ein zweites Mal bei zirka 1400 Grad gebrannt. Besonders diffizil ist dabei der präzise Übergang zwischen kobaltblauer und weißer Fläche. Ist dieser exakt, so zeugt er von großer fachlicher Fingerfertigkeit.

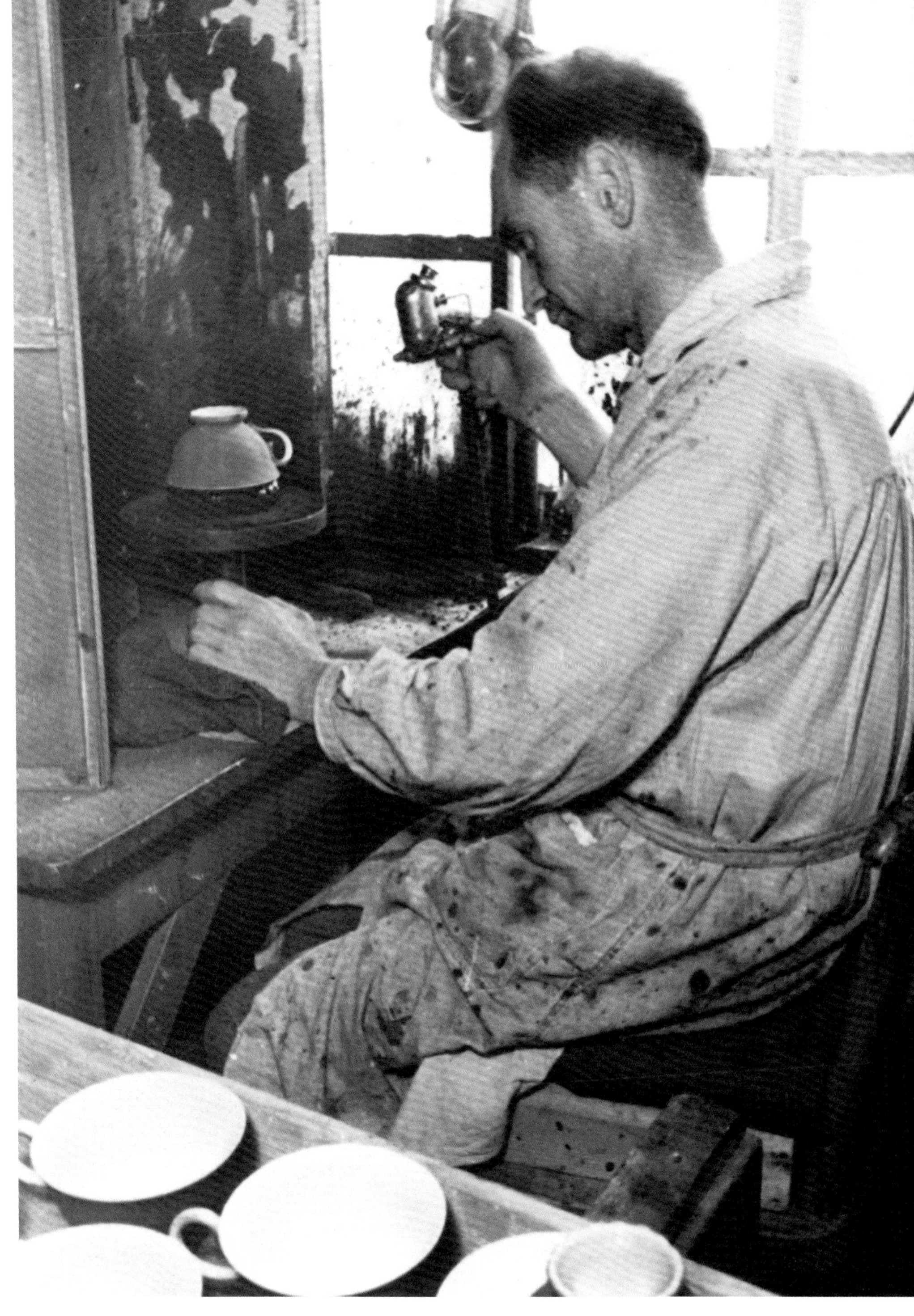

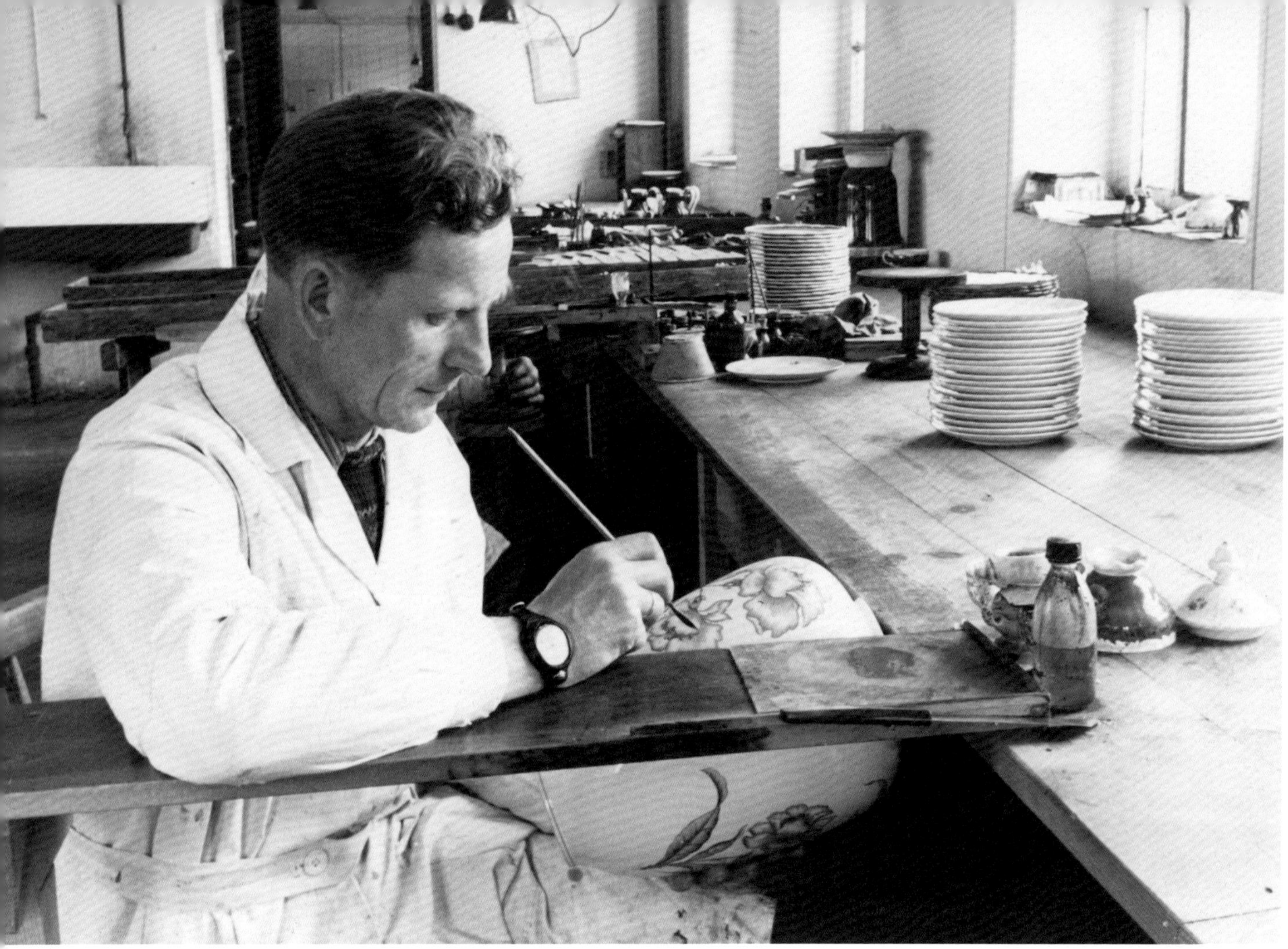

HANDMALEREI

Ende der 1940er-Jahre wurde bei Weimar Porzellan wieder verstärkt die Handmalerei ausgeübt. So entstanden etliche Vasen und Prunkteller in Blankenhain.

RÄNDERN UND BÄNDERN: Bis heute sind die feinen Linien und Zierkanten an Tassen- und Tellerrändern oder Henkeln nur in Handarbeit realisierbar. Der nötige Pinselschwung und die ruhige Hand werden einer aufwendigen Ausbildung erlernt.
BANKETT: Ein quer zum Arbeitstisch angebrachtes Holzbrett dient als Stütze für die malende Hand und Gegenhalt für das Porzellanstück.

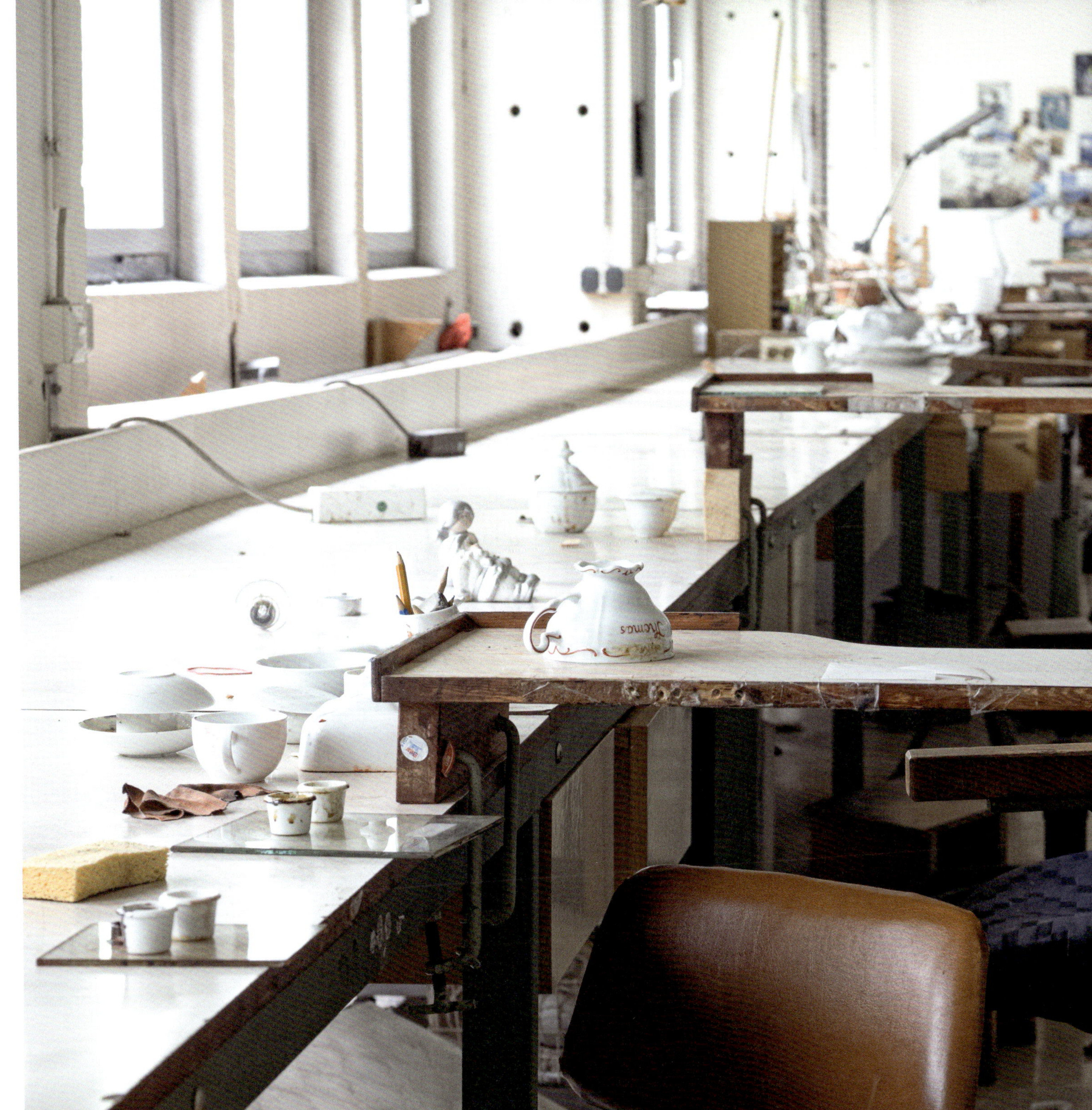

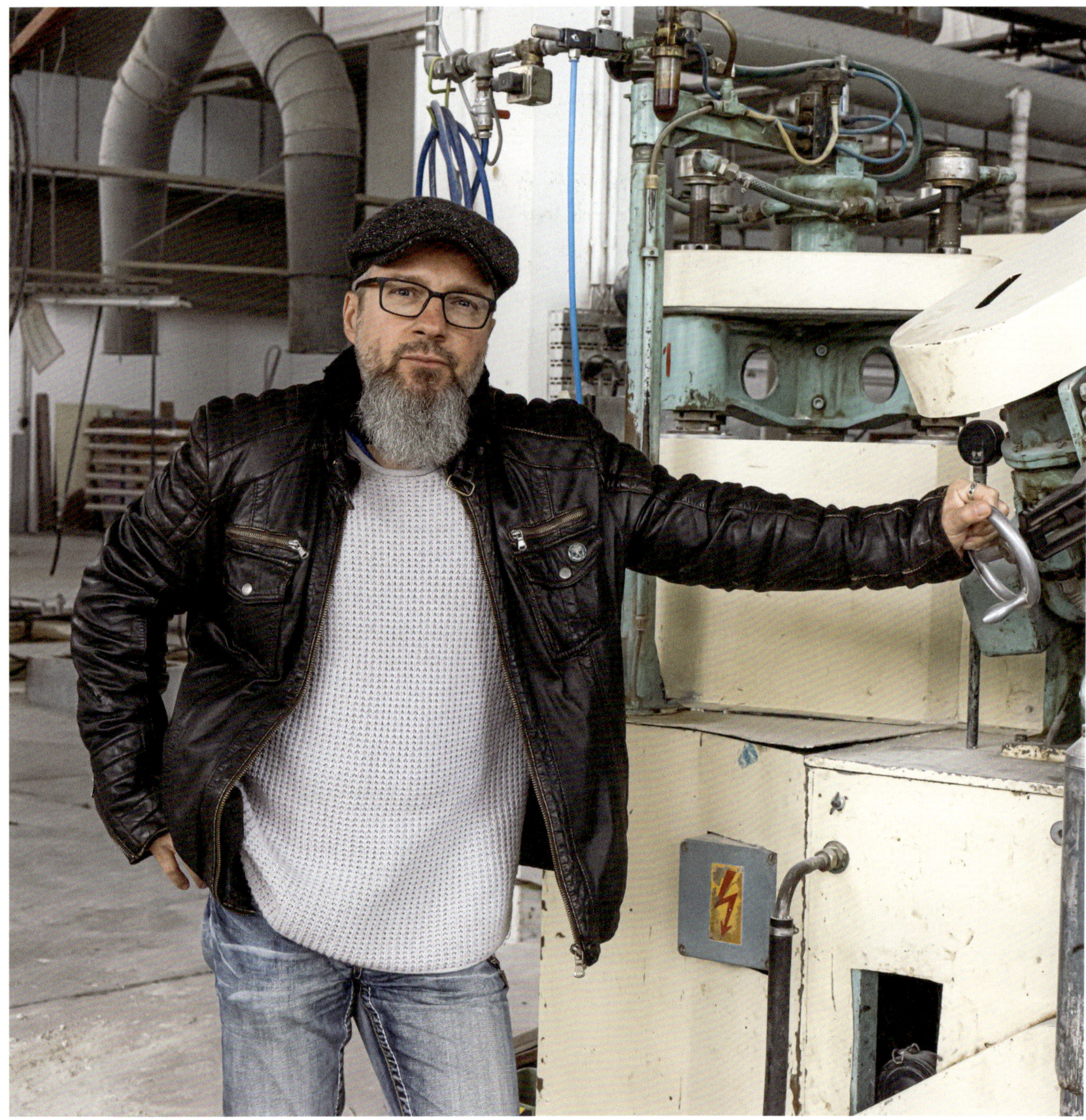

LOTHAR PEPPEL

EIN HANDWERKER MUSS KEIN KÜNSTLER SEIN

Ursprünglich schwebte mir in jungen Jahren eine Karriere als Maler vor, da ich gern gezeichnet und mich in meinem jugendlichen Leichtsinn als Künstler gesehen habe. Die Zeit bis zum großen Durchbruch wollte ich bei Weimar Porzellan in Blankenhain als Porzellanmaler überbrücken, denn das klang immerhin ähnlich kreativ. Doch als ich 1981 mit 17 Jahren von der Schule abging, wurden in Blankenhain nur Keramformer ausgebildet, also habe ich das gemacht.

Als Keramformer arbeitet man in der Weißfertigung eines Porzellanwerks und stellt das weißglasierte Geschirr her, das später in der Buntfertigung veredelt wird. Man unterscheidet im Weißbetrieb zwei Produktionslinien: Es gibt das Drehen von Tellern und Bechern und das Gießen der restlichen Artikel. Ich habe zunächst viele Jahre in der Dreherei gearbeitet und bin später in die Gießerei gewechselt, weil dort Not am Mann war. Das war bei mir übrigens häufig so, dass ich innerhalb des Werks verschiedene Tätigkeiten übernommen habe, weil sich sonst niemand fand.

Nach der Wende, insbesondere nach der ersten Insolvenz 1995, war die Angst ein häufiger Gast in den Fabrikhallen. Die Effizienz musste immer weiter erhöht werden, während die Zahl der Angestellten kontinuierlich sank. Das Gefühl, als Mitarbeiter entbehrlich zu sein, kannten wir im Osten in der Form nicht. Diese Unsicherheit, die da plötzlich über uns schwebte, trug zu einer Grundangst im Alltag bei. Ich habe mich damals zweimal bemüht, einen Betriebsrat zu gründen – ohne Erfolg. Keiner der Kollegen wollte mitmachen und sich engagieren. Oft mit der Argumentation, so schlimm sei es gar nicht, woanders wären die Umstände noch viel schlechter. Erst als es auch bei Weimar Porzellan immer weiter bergab ging, kamen die Kollegen plötzlich auf mich zu und waren doch an einem Betriebsrat interessiert. Aber da wollte ich dann nicht mehr kämpfen.

Stattdessen habe ich versucht, neue Dinge zu lernen und mich weiterzubilden. So bin ich 2014 von der Formgebung zur Masseaufbereitung gewechselt. Darunter versteht man das Mischen der Porzellanmasse, aus der später die unterschiedlichen Produkte gefertigt werden. Ich habe mich intensiv mit den Rohstoffen und der Materie vertraut gemacht und war damit sozusagen mein eigener Abteilungsleiter. Mit meinen regelmäßigen Werksführungen übernahm ich außerdem einen Teil der Öffentlichkeitsarbeit. Ich habe sogar noch meinen Ausbilderschein gemacht, obwohl es nicht mehr viele Auszubildende bei Weimar Porzellan gab. Das lag jedoch hauptsächlich daran, dass die Porzellanbranche und ihre Berufsbilder schon seit Langem nicht mehr so beliebt waren.

Ehrlich gesagt, ich kann das nachvollziehen. Ich persönlich halte die sogenannte Zierkeramik heute für ein unnützes

LOTHAR PEPPEL

»WEIMAR PORZELLAN WAR BLANKENHAIN UND BLANKENHAIN WAR WEIMAR PORZELLAN.«

Lothar Peppel, Jahrgang 1964, war bei Weimar Porzellan von 1981–2018 vielseitig tätig. Er arbeitete in der Produktion, als Leiter der Masseaufbereitung und als Ausbilder für den Nachwuchs.

Produkt und seine Herstellung für alles andere als zeitgemäß. Ich weiß ja, wie aufwendig es ist, opulent verzierte Porzellanartikel in Kobalt und Gold zu produzieren – das betrifft sowohl Personal als auch Produktion. Es ist mühevolle, zeitraubende Handarbeit, vom Umweltaspekt und Energieverbrauch ganz zu schweigen.

Im Gegensatz zu einigen ehemaligen Kollegen bin ich der Meinung, dass wir bei Weimar Porzellan keine Kunst, sondern Handwerk gemacht haben. Porzellanherstellung kann jeder lernen. Ein Handwerker muss kein Künstler sein. Wir mussten ja immer bestimmte Vorgaben erfüllen, das hat für mich nichts mit Kunst zu tun. Selbst die Porzellanmaler konnten nicht machen, was sie wollten, sondern nur, was verlangt wurde. Niemand von uns hat seine eigene Kreativität in oder auf ein Produkt überführt.

Allerdings ist es vorteilhaft, wenn ein Künstler gleichzeitig ein guter Handwerker ist. Es fällt ihm dadurch leichter, seine Ideen und Persönlichkeit in eine wie auch immer geartete Form zu bringen und sich künstlerisch auszudrücken. Ich selbst mache das in Form von Worten, indem ich Gedichte und Kolumnen schreibe. Ich habe zum Beispiel meine Gedanken zum Ende von Weimar Porzellan mit dem Gedicht »Unter der Glasur« zu Papier gebracht:

Es ist vorbei: aller Staub bleibt liegen / Lärm und schlechte Witze haben sich / in Wände und in letzte Scherben eingebrannt / ein Handtuch tut sich über eine Lehne biegen / fragend steht ein leerer Arbeitstisch / wo er Jahr um Jahr stets eine Antwort fand.

Hungrige Öfen reißen stumm das Maul auf / doch keine Hand, die dieses Maul nun stopft / eine Selters: wenig Sinn mehr außer Pfand / Treppen führen klaglos in das Tief und Weit rauf (ein Wasserhahn, der mit Geduld um Hilfe tropft) / bunt Zukunft lügend ein Kalender an der Wand.

Nichts wird mehr werden und nichts soll mehr / selbst den stärksten Willen in den Schoß gelegt / man lässt Jahrhunderte versiegen / von außen Blicke gleich der Halle leer / man hat, was schaffen will hinaus gefegt / es ist vorbei: nur aller Staub bleibt liegen.

Ich komme noch oft an der Fabrik vorbei, denn ich wohne nach wie vor in Blankenhain. Das Gelände so verlassen zu sehen tut weh. Immerhin war ich 37 Jahre bei Weimar Porzellan, so etwas gibt es heute ja kaum noch. Wenn man so lange Zeit in einem Unternehmen verbringt, hängen natürlich eine Menge Erinnerungen daran. Manche von uns haben sich dort verliebt, andere verlobt, ich habe meine Frau bei Weimar Porzellan kennengelernt. Irgendwie war das ganze Leben mit dem Werk verbunden, wir waren da voll integriert und miteinander verwachsen. Fast schon symbiotisch. Ich denke, deshalb habe ich auch bis zum Ende ausgeharrt, weil ich immer gedacht habe, wir würden die Kurve doch noch kriegen. Die Hoffnung stirbt ja bekanntlich zuletzt.

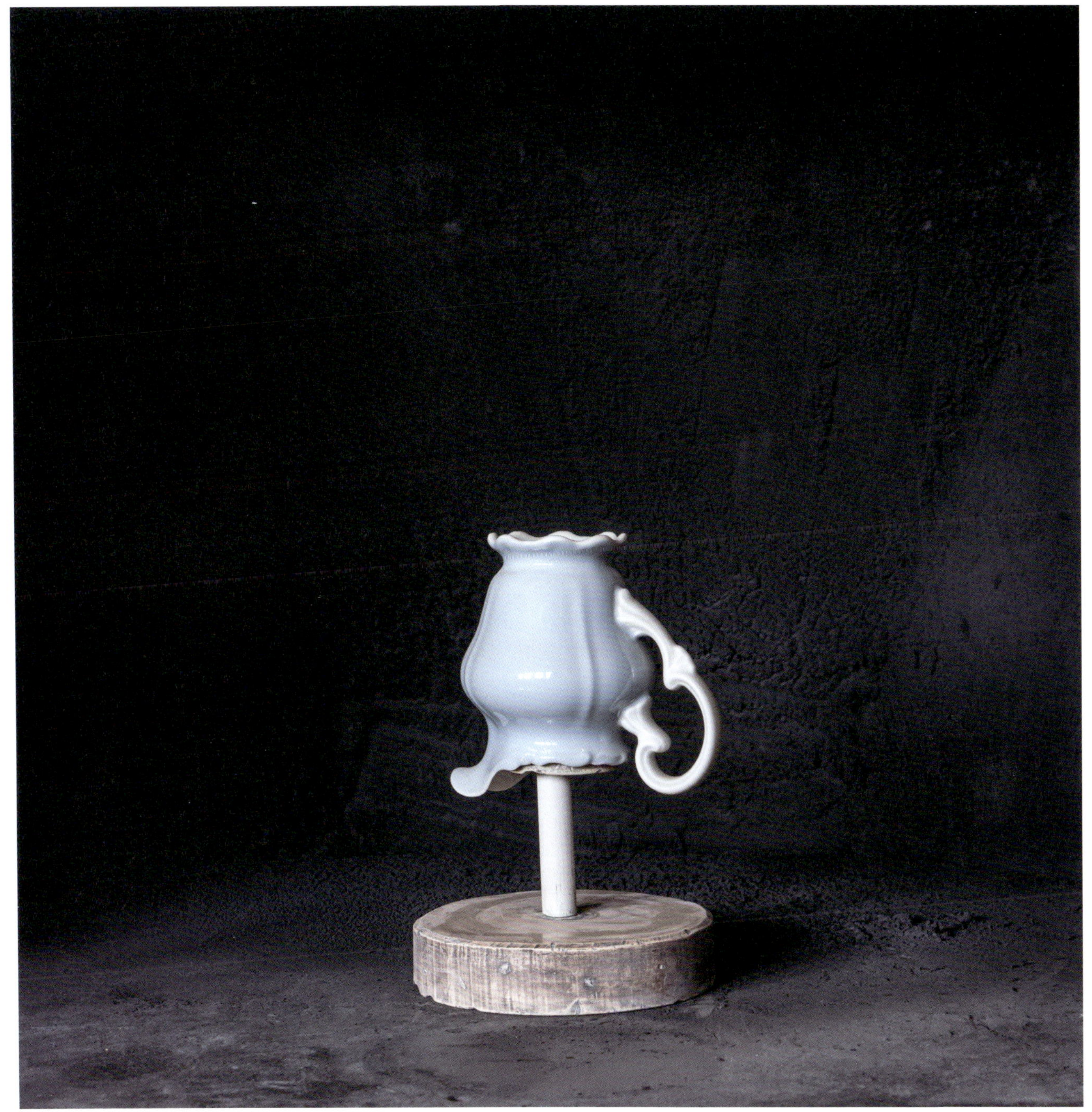

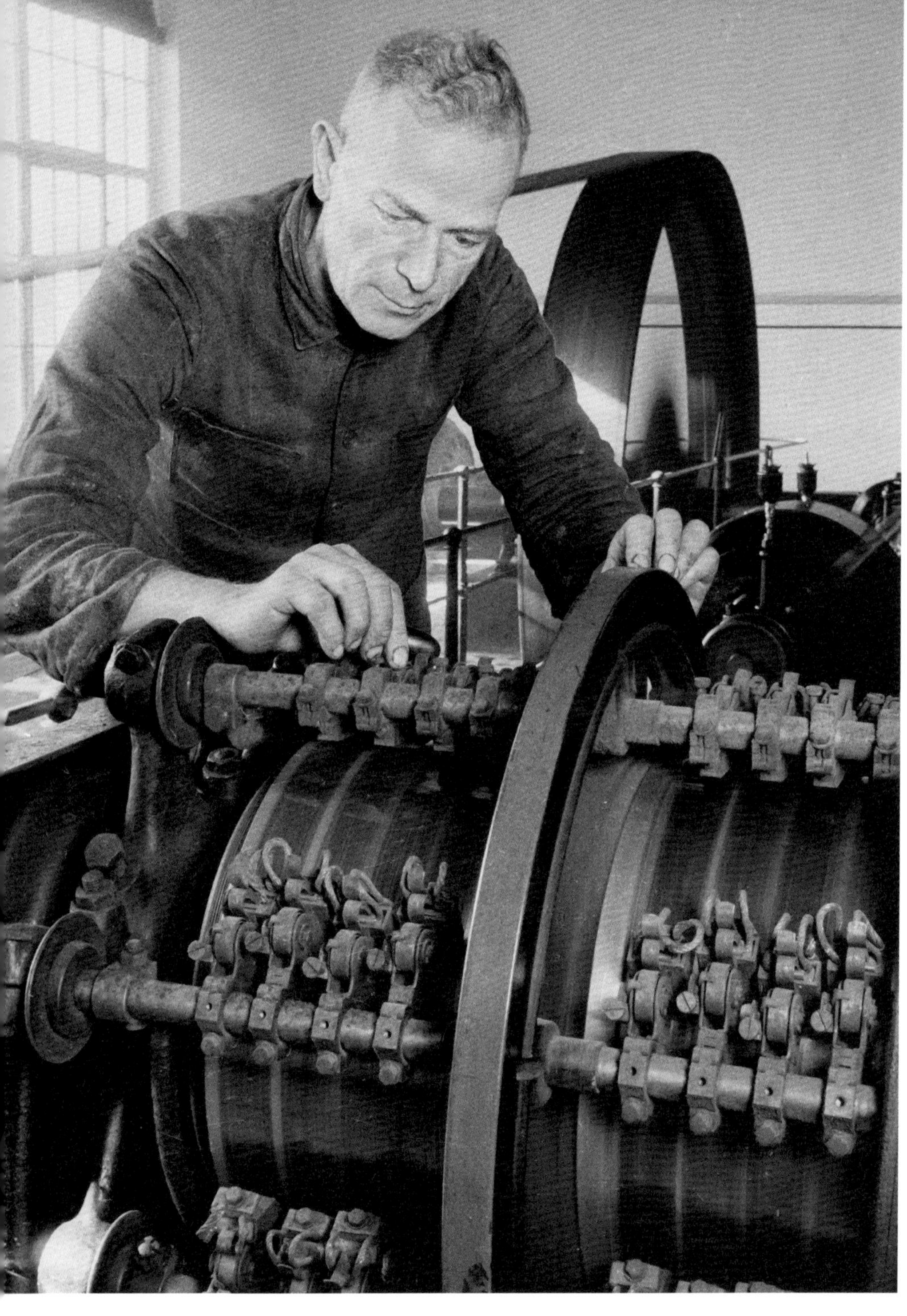

SCHLOSSER-ARBEITEN

Die werkseigenen Schlosser warteten und reparierten die zahlreichen Maschinen und Anlagen. Dazu gehörten unter anderem die Masse-mühlen, die Förderbänder zum Transport des Porzellans, die Druckmaschinen, Filter-anlagen und Pressen.

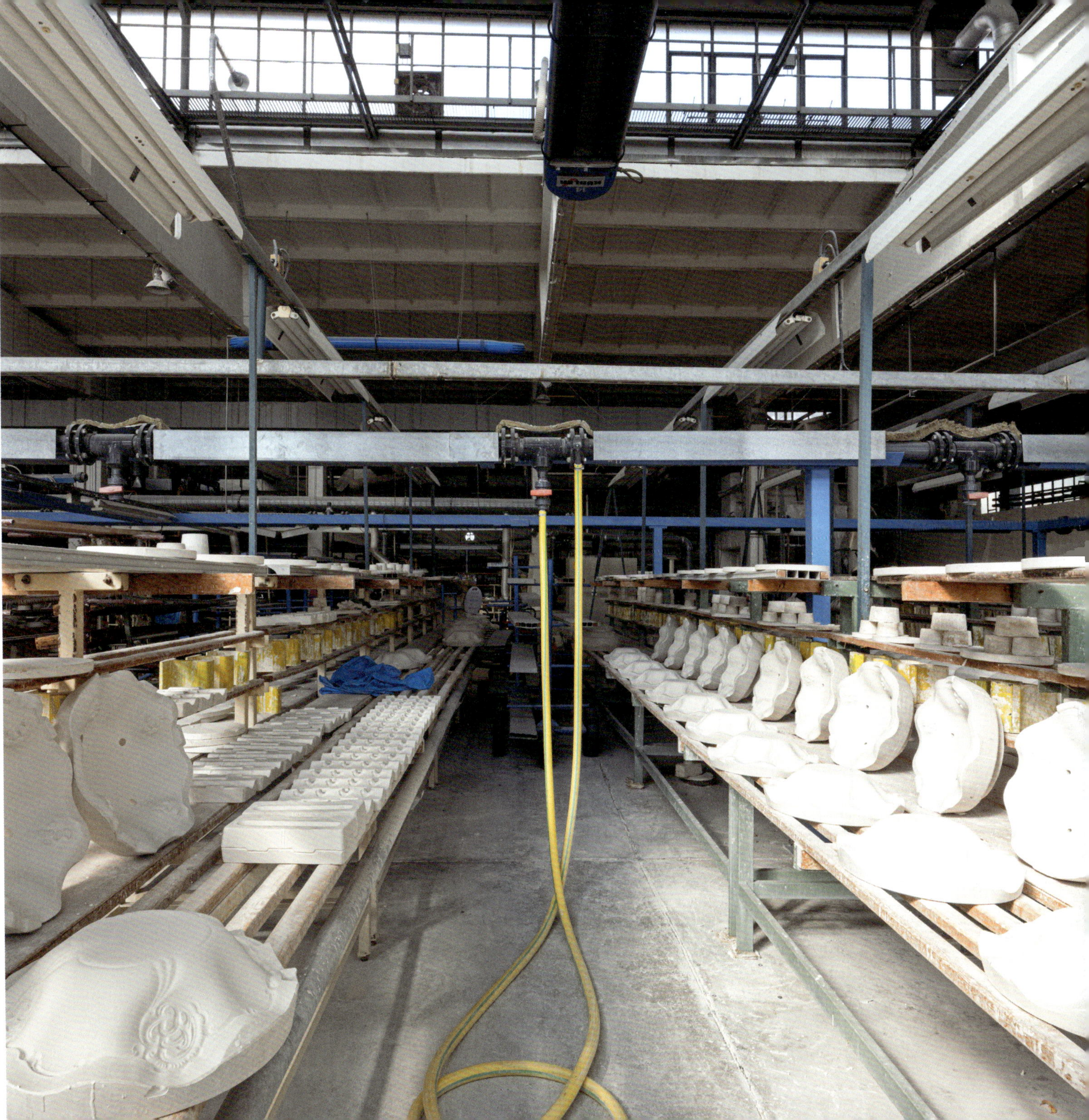

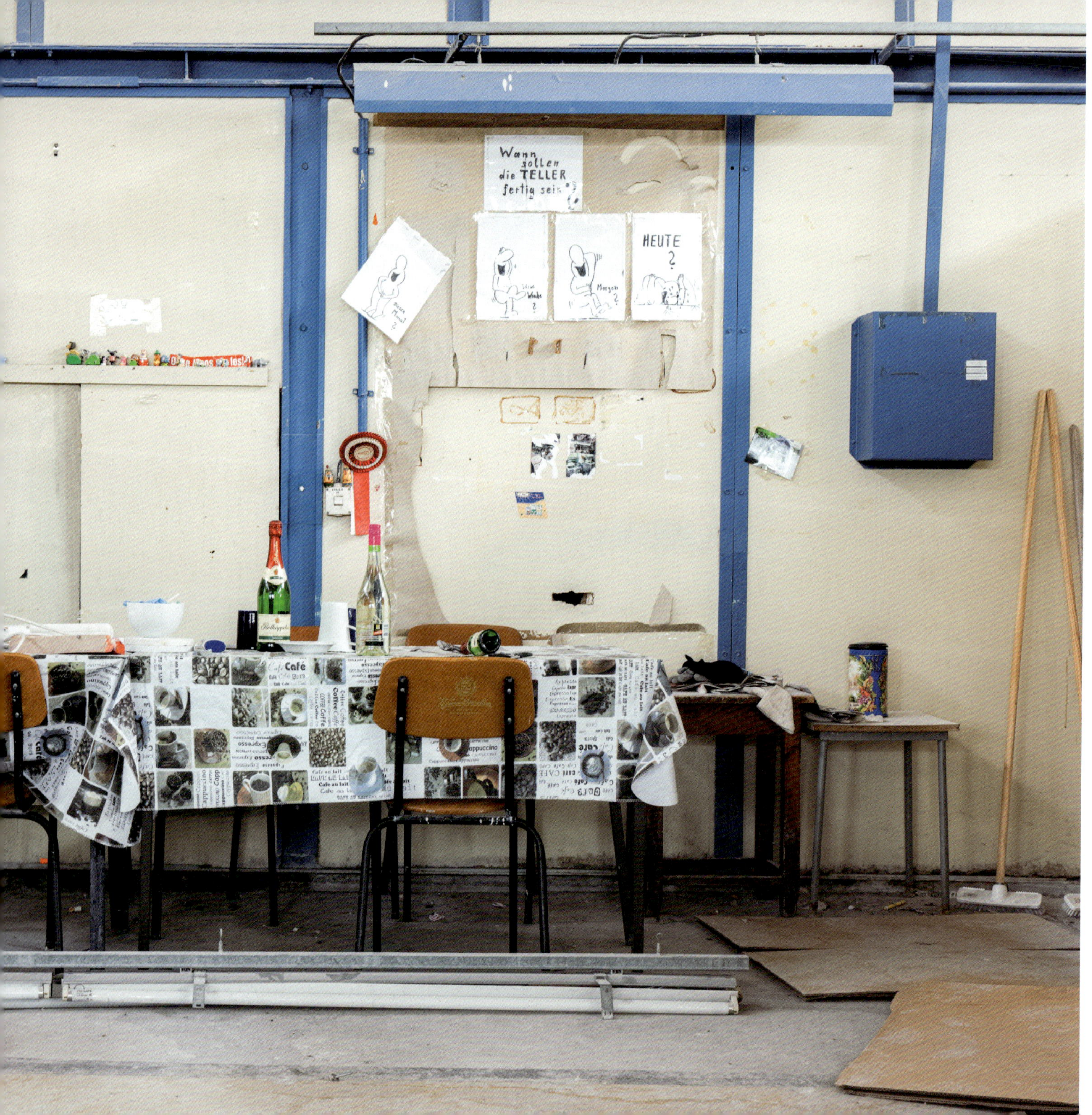
Wann sollen die TELLER fertig sein ?
Diesen Monat ?
Diese Woche ?
Morgen ?
HEUTE ?

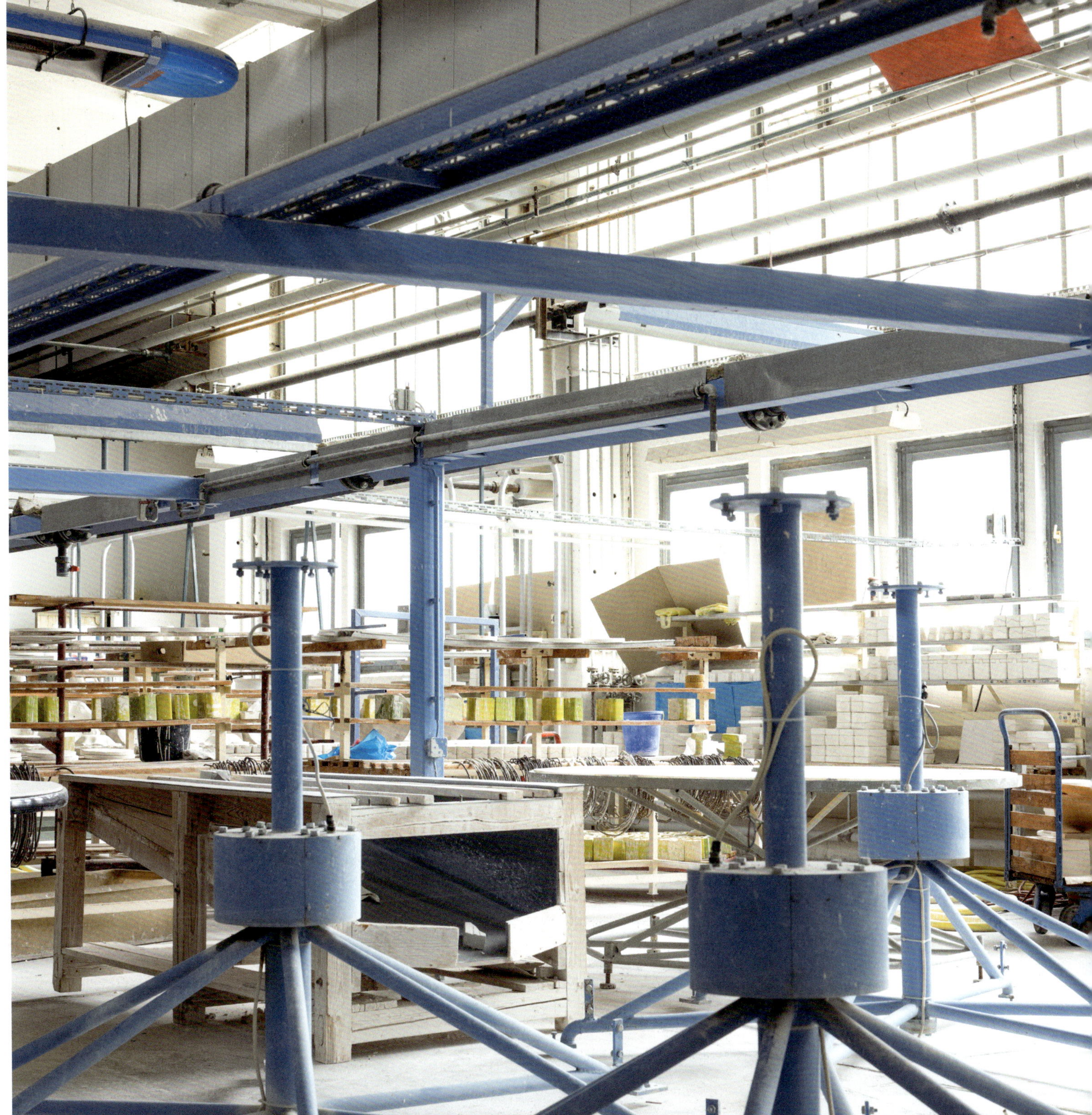

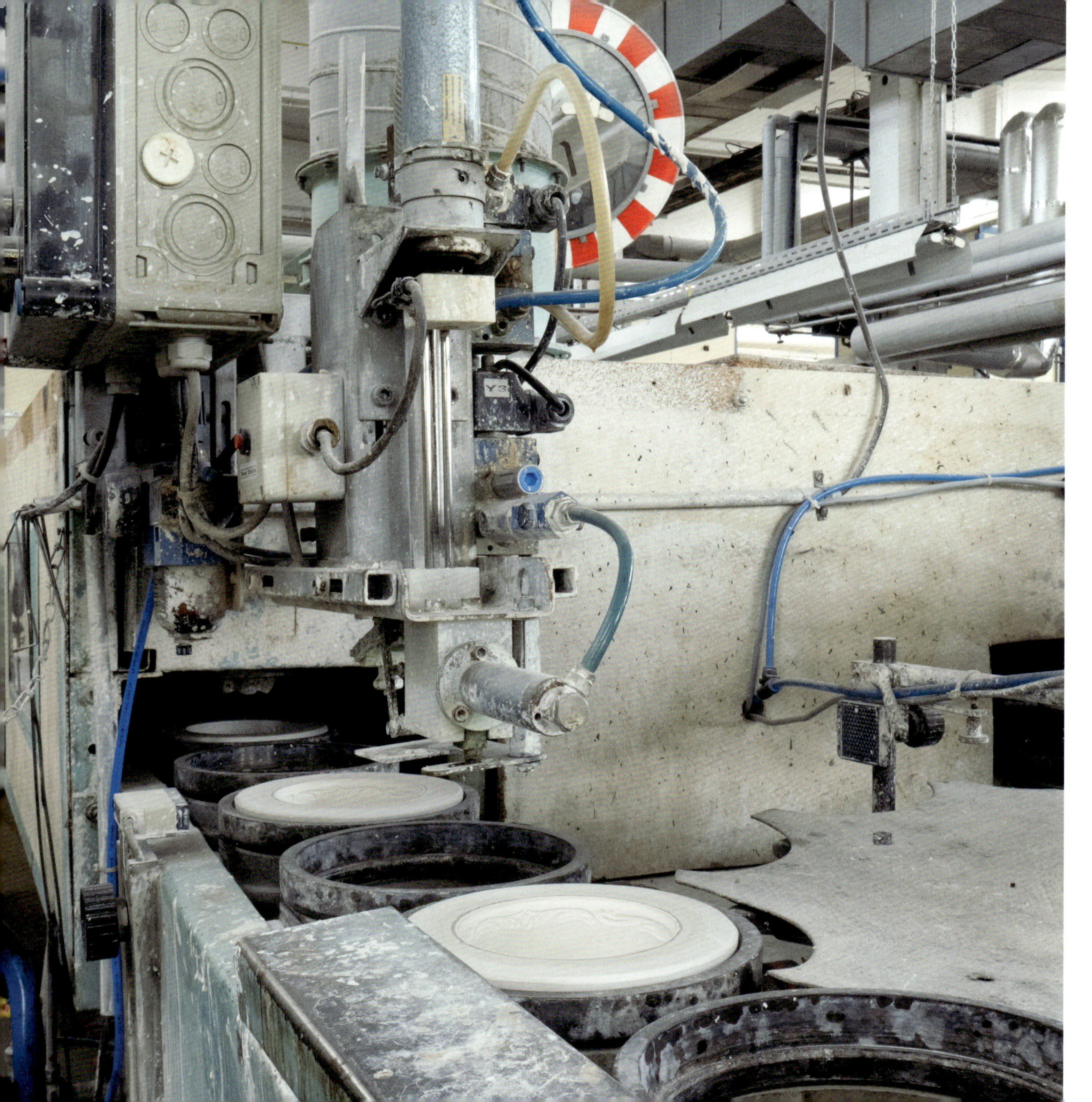
Y3

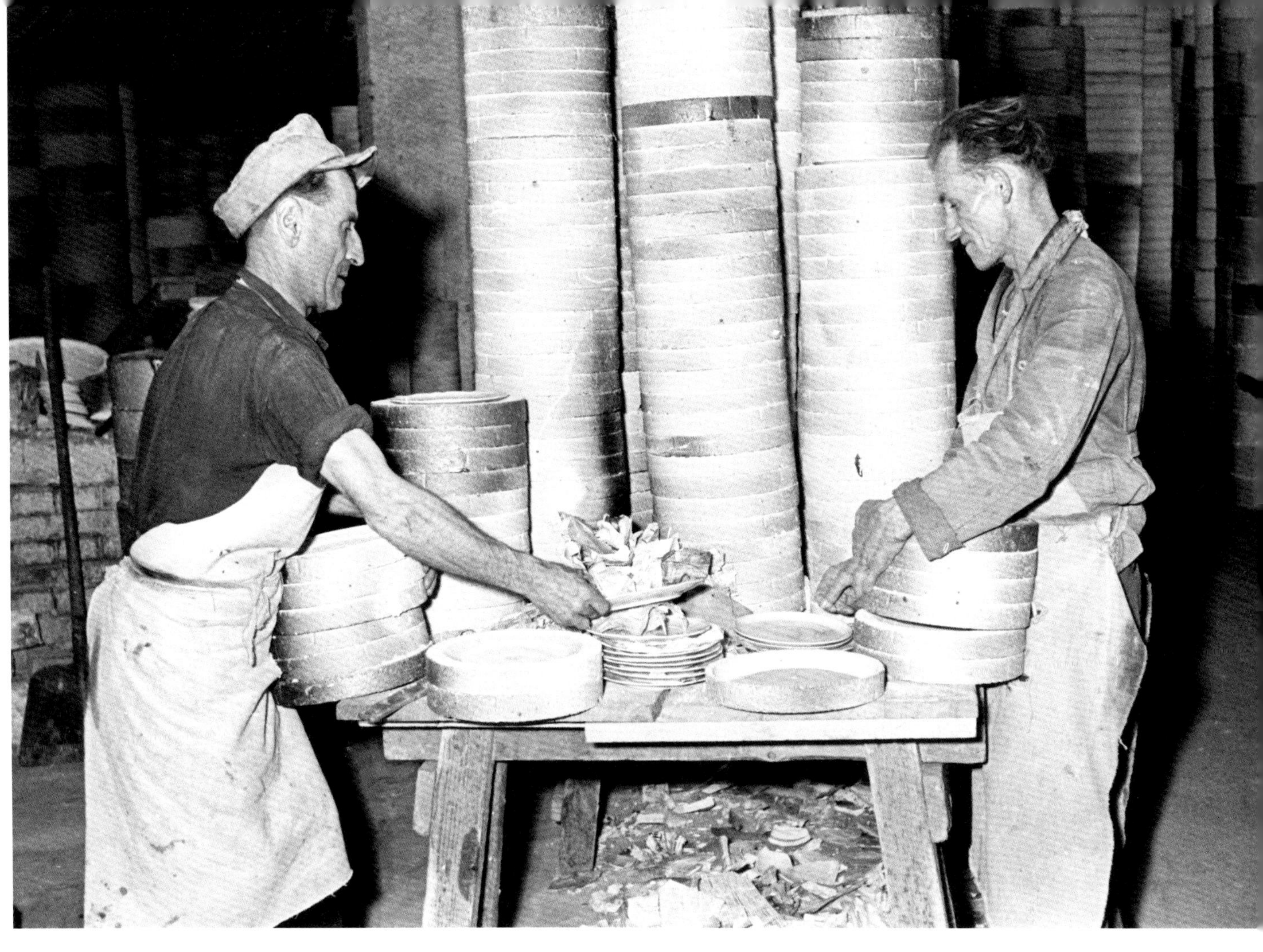

AUSRÄUMEN DES OFENS

BRENNKAPSEL: Um das weiße Porzellan im Ofen vor Flugasche oder herabfallenden Schlackeresten aus dem Ofeninneren zu schützen, werden die Stücke in Brennkapseln aus grober Schamottkeramik gestellt und diese dicht im Ofen gestapelt.

Für die Brenner war es Normalität, bei einer Innentemperatur von 60–70 Grad den Rundofen auszuräumen. Dabei wurden die Porzellanstücke aus den im Ofenraum gestapelten Brennkapseln entnommen.

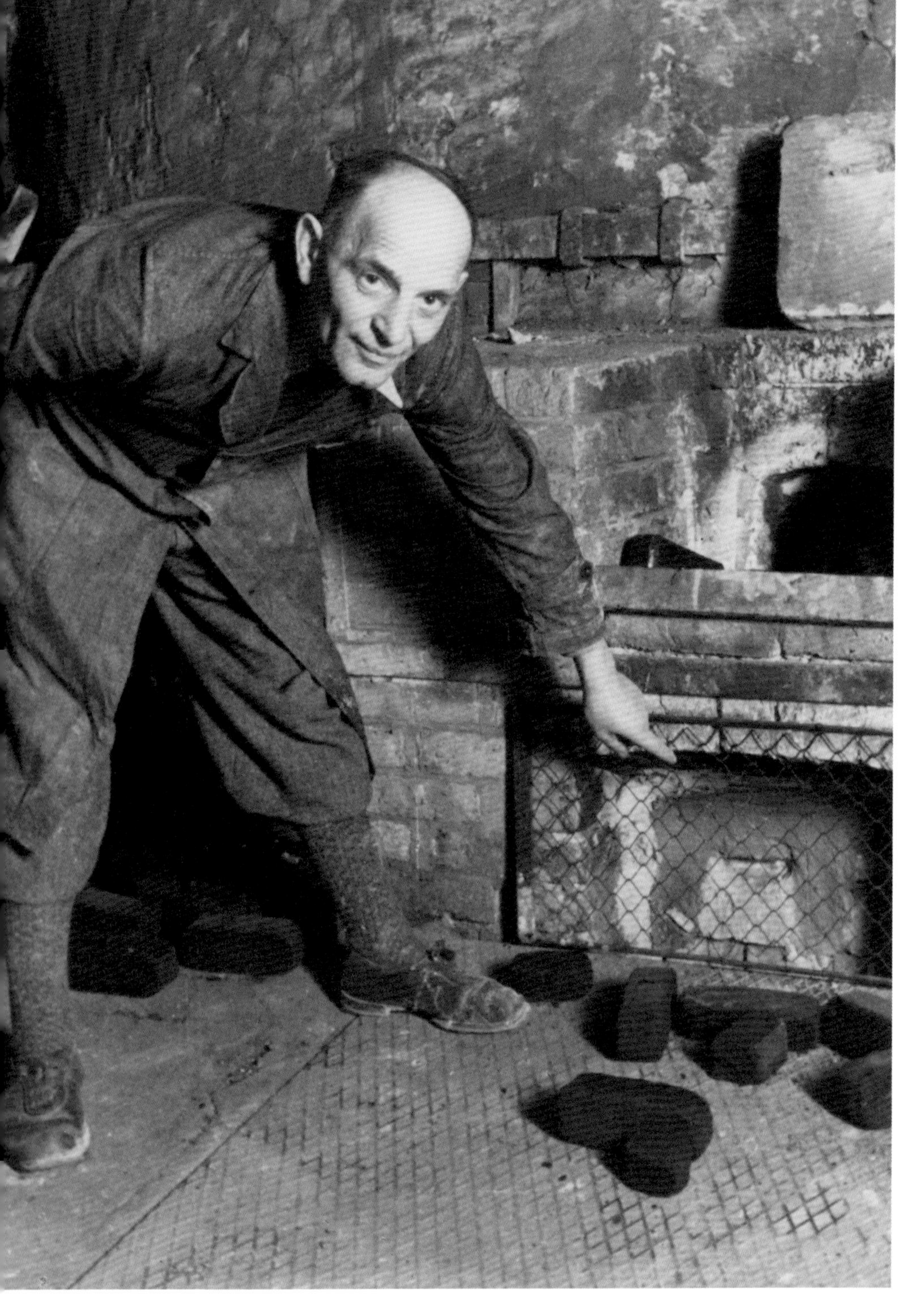

BRENNER AM RUNDOFEN

Erst Ende der 1970er-Jahre wurden in Blankenhain die mit Kohle beheizten Rundöfen abgelöst durch drei mit Ferngas befeuerte Tunnelöfen. Diese ermöglichten eine leichtere und staubärmere Bedienung und ein Viertel weniger Bruchverluste durch den kontinuierlichen Durchlauf der Porzellanteile auf Spezialwagen durch die Brennzone.

RUNDOFEN:
Die gemauerten mehrstöckigen Öfen werden im Keller befeuert. Die darüberliegenden Etagen bestückte man unten mit Glattbrandware (zweiter Brand bei 1350–1450 Grad), darüber mit Glühbrandware (erster Brand bei 900–950 Grad) und oben mit Brennkapseln zur Vortrocknung.

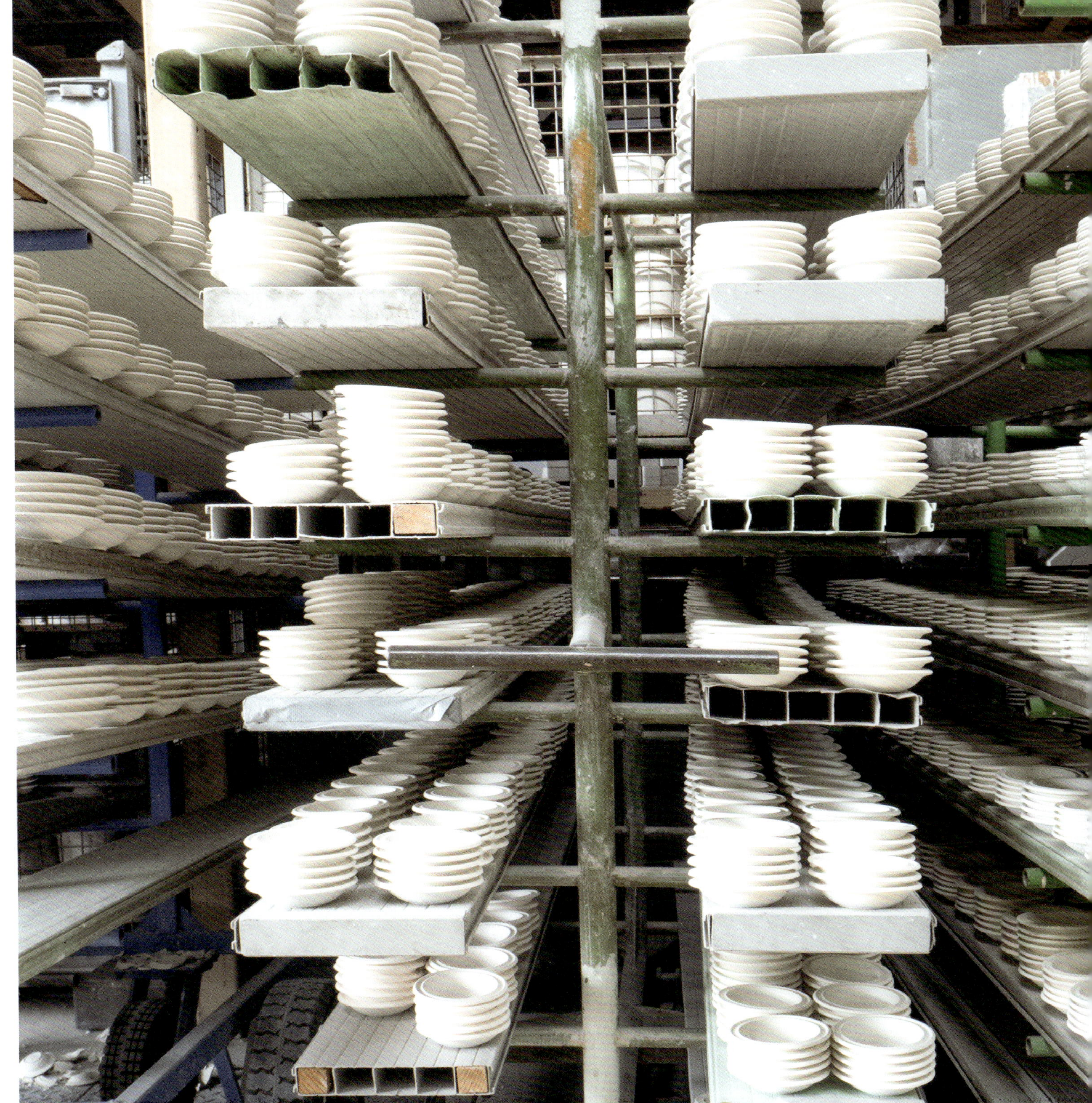

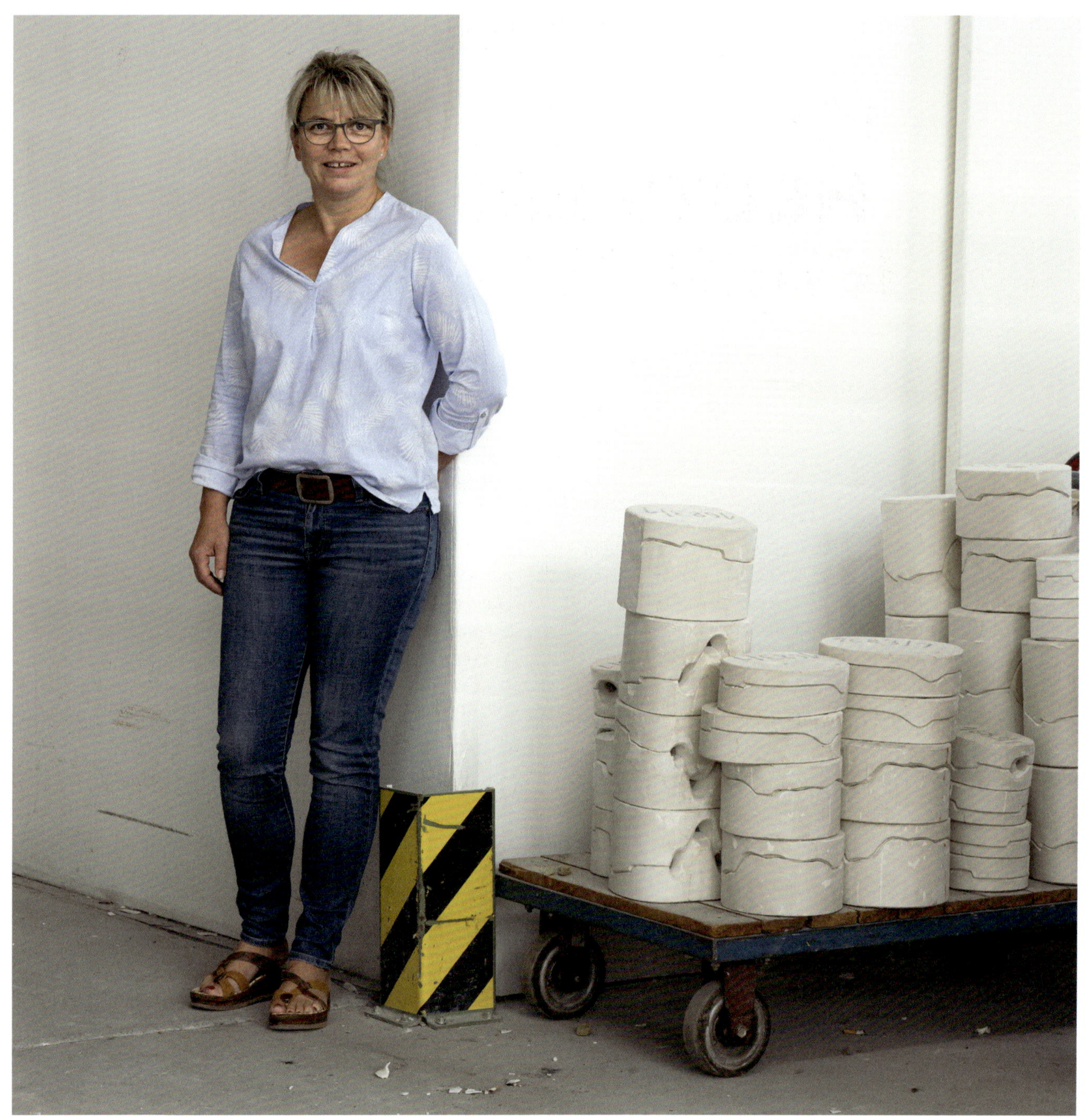

MANUELA REINHARDT

ICH DREHE NOCH HEUTE ERST MAL JEDEN TELLER UM

Weimar Porzellan kenne ich schon seit Schulzeiten, denn wir hatten damals auf der Polytechnischen Oberschule eine Patenbrigade im VEB Weimar Porzellan, wie es zu DDR-Zeiten hieß. Nach meinem Schulabschluss habe ich dort erst eine Ausbildung zum Wirtschaftskaufmann gemacht, danach an der Finanzschule Gotha studiert. Mein Studium war 1989 beendet, mit der Wende bin ich zu Weimar Porzellan zurückgekehrt, als Mitarbeiterin in der Personalabteilung.

In der DDR wurde der Verkauf unserer Artikel über das Kombinat Feinkeramik organisiert. Die jährlich stattfindende internationale Handelsmesse in Leipzig war hierfür die wichtigste Plattform. Sie diente der Förderung des weltweiten Handels sowie dem Leistungsvergleich und Erfahrungsaustausch mit anderen Ländern. Der überwiegende Teil der Ware wurde exportiert, wobei viele unserer Produkte natürlich in die Sowjetunion gingen, aber auch in die BRD wurde geliefert. In der DDR war das Porzellan aus Blankenhain ebenfalls sehr begehrt, aber nur in ausgewählten Geschäften zu bekommen. Für uns Mitarbeiter gab es damals eigens eine jährliche Porzellankarte, die uns für einen festgelegten Betrag unsere Produkte zusicherte.

Ich war insgesamt 34 Jahre im Unternehmen beschäftigt und habe, bis auf die Produktion, wohl alle Abteilungen durchlaufen. Vom Sekretariat der Geschäftsleitung bis zum Vertrieb, von der Finanzbuchhaltung bis zum Werksverkauf, vom Marketing bis zum Versand. Es war etwas Besonderes, die Idee für einen neuen Artikel mit zu entwickeln, umzusetzen und das Produkt dann auch zu verkaufen. Erleben zu können, wie ein Designer mit einer Idee ankommt und nach zwölf Wochen steht das fertige Produkt auf dem Tisch – das war wirklich schön. Mal war der Weg dahin einfach, mal kompliziert. Aber letzten Endes stellte sich immer das besondere Glücksgefühl ein, etwas hergestellt zu haben, das nach einem noch bleibt.

In meiner langen Zeit bei Weimar Porzellan habe ich so manchen Neustart erlebt, sei es die Insolvenz 1995, die nachfolgende Neugründung, den Besitzerwechsel 2006, nicht zu vergessen natürlich die bewegte Zeit nach der Wende, als sich Weimar Porzellan neu aufstellen und strukturieren musste. Erhebliche Einschnitte beim Personal wurden vorgenommen, die Fertigung und Kollektion musste den neuen Markterfordernissen angepasst werden. Für die Massenproduktion war das Werk jedoch nicht ausgelegt, weder technisch noch personell – wir waren nun mal eine kleine, feine Manufaktur. Ein üppig dekoriertes Produkt aus Blankenhain ging bis zur Fertigstellung durch mehr als 70 Hände. Da steckte wirklich sehr viel Arbeit drin.

2007 wurden wir schließlich von Könitz Porzellan übernommen, das in der Folge auch die Entwicklung und Ausrich-

MANUELA REINHARDT

»BEI WEIMAR PORZELLAN SIND VIELE FREUNDSCHAFTEN ENTSTANDEN.«

1984–2018 war Manuela Reinhardt, Jahrgang 1968, in vielen Bereichen der Verwaltung mit großem Engagement bei Weimar Porzellan tätig – im Personalwesen, im Marketing und zuletzt als Chefsekretärin.

tung der Kollektion in Blankenhain bestimmte. Die Könitz Gruppe legte ein besonderes Augenmerk auf zeitgenössischere Designs, doch dieses Segment war für Weimar Porzellan Neuland. Unser Sortiment war klassisch, manche würden heute barock oder gar pompös dazu sagen. Auf dem osteuropäischen Markt hatten wir damit lange Zeit eine gute Position. Im westlichen Europa und in den skandinavischen Ländern, dort wo die Käufer schlichte, organische Formen und einen leichten, cleanen Look bevorzugen, war die Marke allerdings unbekannt. Weimar Porzellan als Hersteller von modernen, zeitlosen Artikeln zu etablieren war schwer und ist in all den Jahren nur in Ansätzen gelungen. Über die Jahrzehnte hat sich auch die Tischkultur verändert, das darf man nicht außer Acht lassen. Heutzutage werden die Mahlzeiten nur noch selten als gemeinsames Familienerlebnis am perfekt gedeckten Tisch zelebriert. Ich persönlich finde das schade, denn das Auge isst immer mit und Speisen sollten schön angerichtet sein, dazu gehört auch das passende Geschirr. Ich habe heute immer noch die Angewohnheit, erst einmal unter die Teller zu schauen, woher das Porzellan kommt.

Die Belegschaft hat immer alles gegeben, was nötig war, um am Markt zu bestehen. Jeder Einzelne setzte sich ein: vom Kollegen in der Masseabteilung bis zur Mitarbeiterin, die auf die Spedition gewartet hat, damit der Auftrag pünktlich ausgeliefert werden konnte. Der Zusammenhalt war stets spürbar. Wir sind ja Kollegen gewesen, die den Großteil ihres Lebens miteinander verbracht haben. Man wusste von den ersten Verliebtheiten, feierte Hochzeiten zusammen, hat die Kinder aufwachsen sehen. Unser Arbeitsplatz war eben nicht nur ein Ort, an dem man Geld verdient und seiner Tätigkeit nachgeht. Es sind die vielen kleinen Dinge, die nebenher passieren, und die Menschen, die man täglich sieht. Man verbringt viel Zeit miteinander, oft mehr als mit der eigenen Familie. Als das 2018 ein Ende hatte, fühlte es sich für manchen an wie eine Scheidung. In diesem Moment zeigte sich unsere Verbundenheit in ganz besonderem Maße. Auch ich habe in der Zeit viele Gespräche geführt, den Kollegen Mut gemacht, sie bestärkt. Es geht immer irgendwie weiter.

Was mich mit am meisten schmerzt, ist die Tatsache, dass mit jedem Porzellanwerk, das schließt, mit jeder Manufaktur, die aufgeben muss, ein weiteres Stück Handwerk verschwindet. Es wird in Zukunft wahrscheinlich niemanden mehr geben, der die Geheimnisse der Porzellanherstellung kennt und weitergibt. Wer wird beispielsweise in Zukunft noch wissen, was für unterschiedliche Feuchten die Masse haben muss, je nachdem welches Produkt hergestellt werden soll? All das technische Know-how, das bei Weimar Porzellan seit der Gründung im Jahr 1790 stetig anwuchs, geht somit verloren.

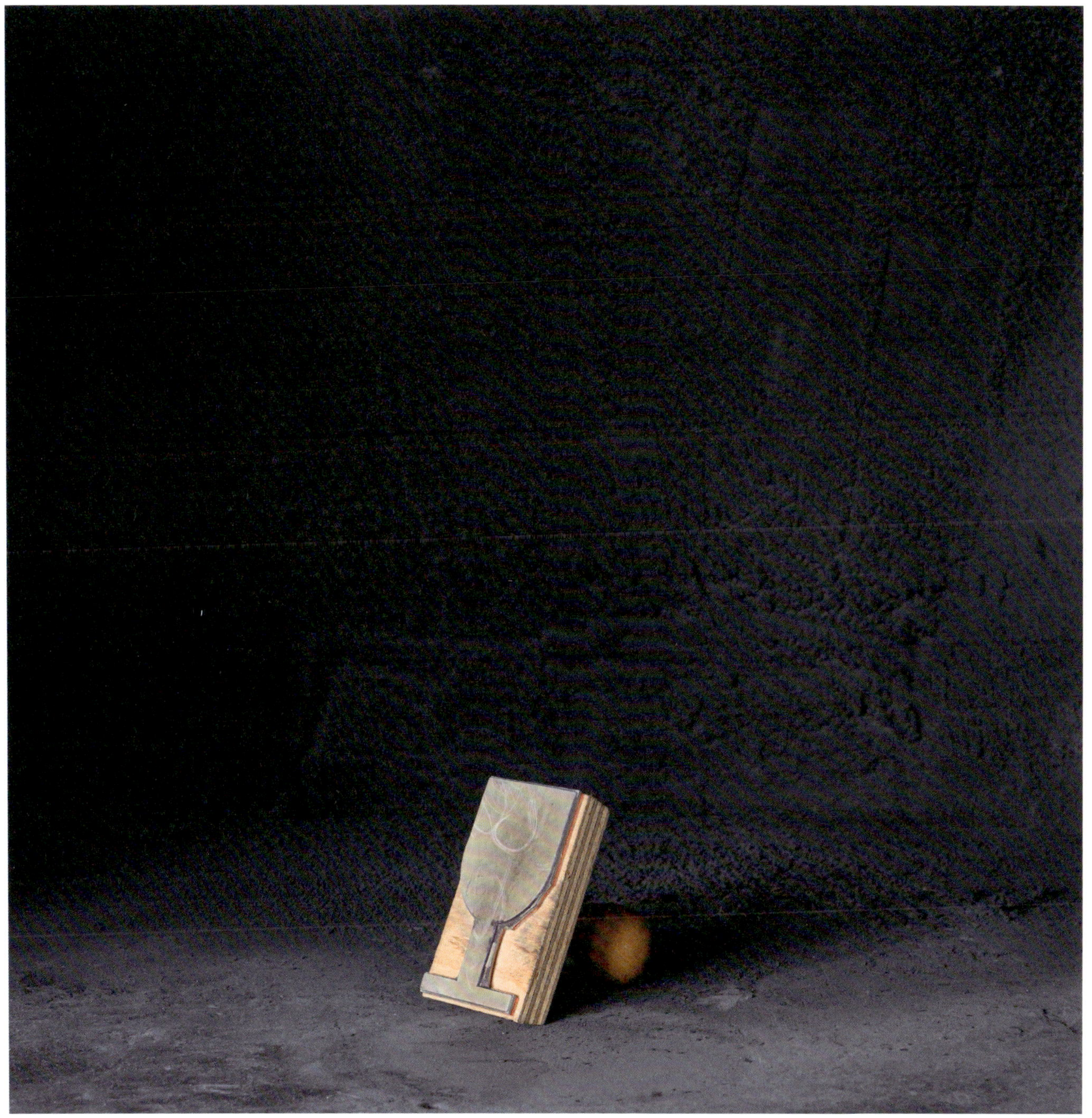

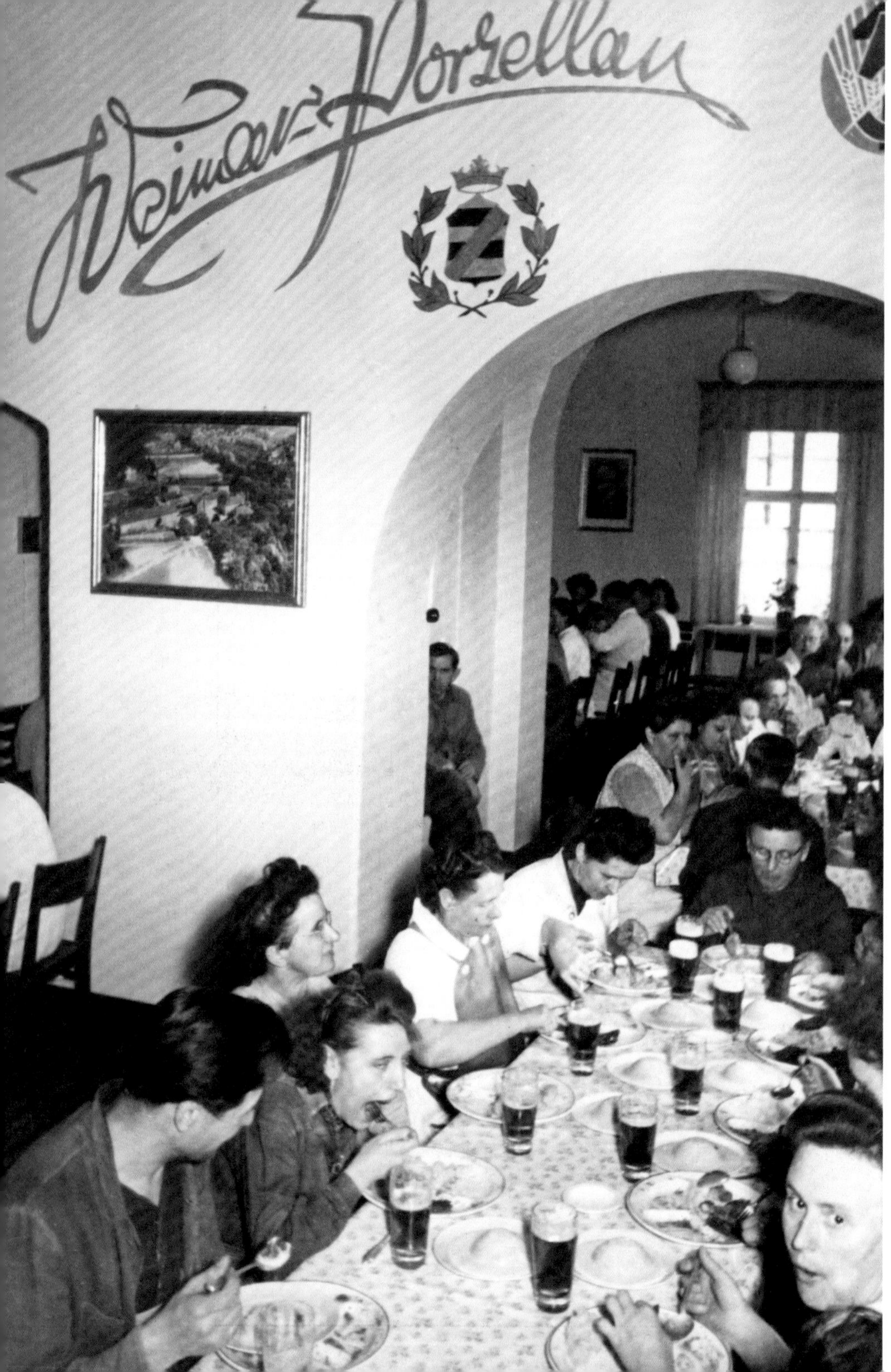

KOLLEKTIV

»Nachdem im Jahre 1950 das neue Verwaltungsgebäude bezogen worden war, wurde […] im alten Verwaltungsgebäude ein vorbildlicher Speiseraum mit Werkküche eingerichtet. In feierlicher Form wurde er von BGL [Betriebsgewerkschaftsleitung] und Werkleitung der Belegschaft übergeben.«[3]

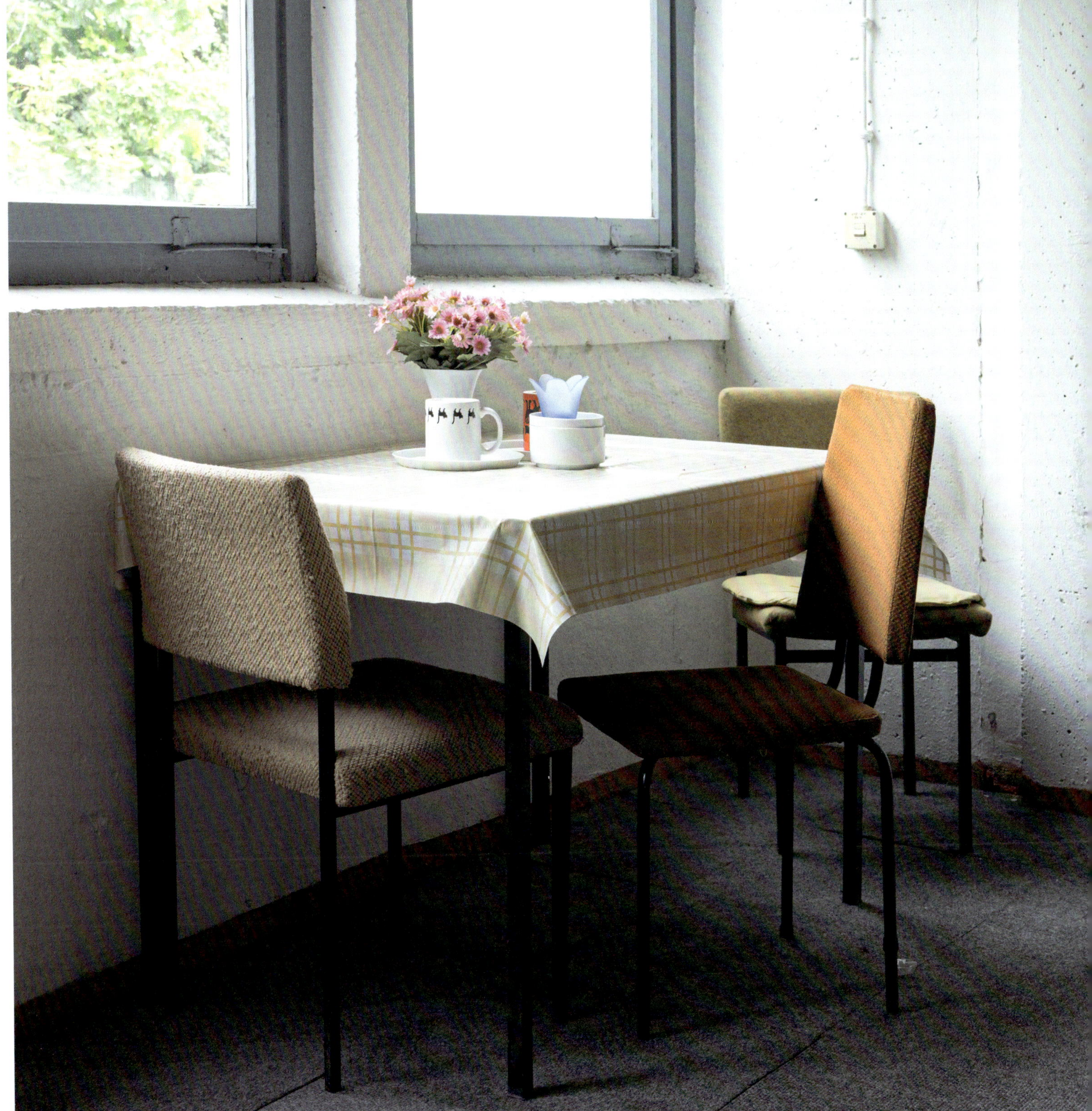

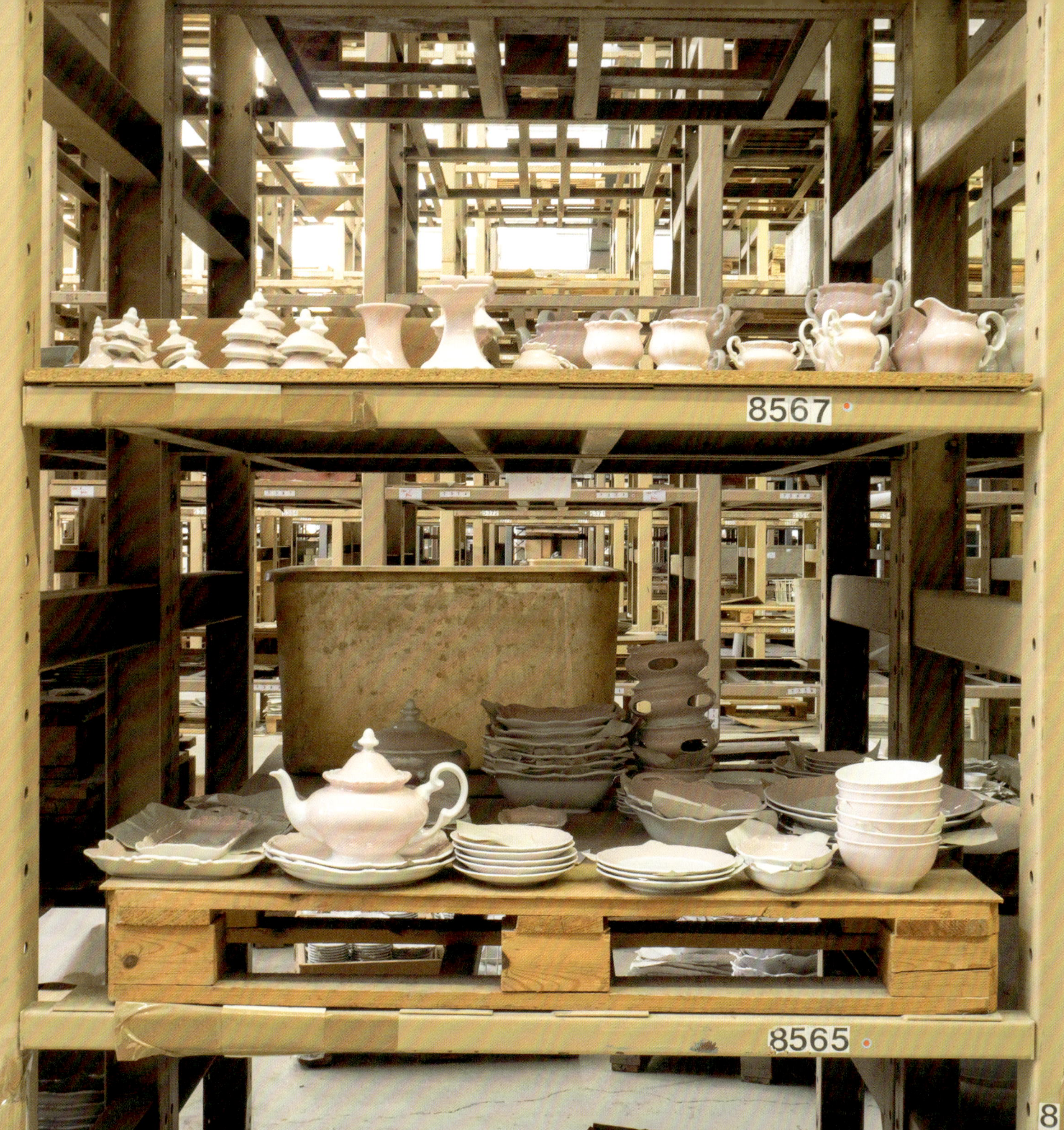
8567
8565
8

SYBILLE GEHT AUF REISEN

Über die Zeit hinweg waren Frauennamen schon immer beliebt für Service und Zierformen bei Weimar Porzellan. Man begründete dies mit der Tatsache, dass es zumeist Frauen seien, welche das Porzellan kaufen. So sollte die potenzielle Kundschaft gelockt werden mit wohlklingenden Namen wie ›Josefine‹, ›Katharina‹, ›Carmen‹, ›Maja‹, ›Roxane‹, oder die auf dem Bild gezeigte ›Sybille‹.

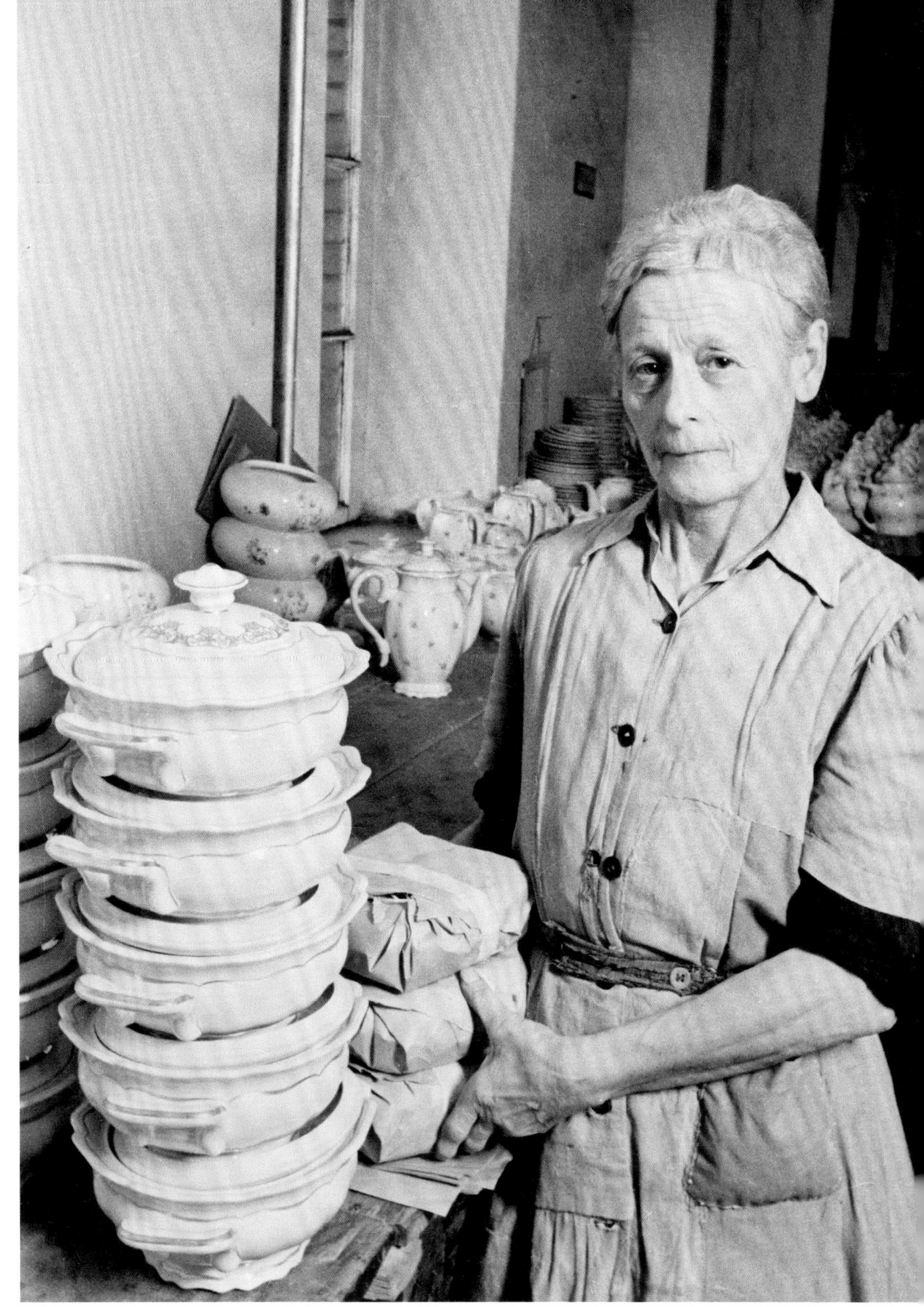

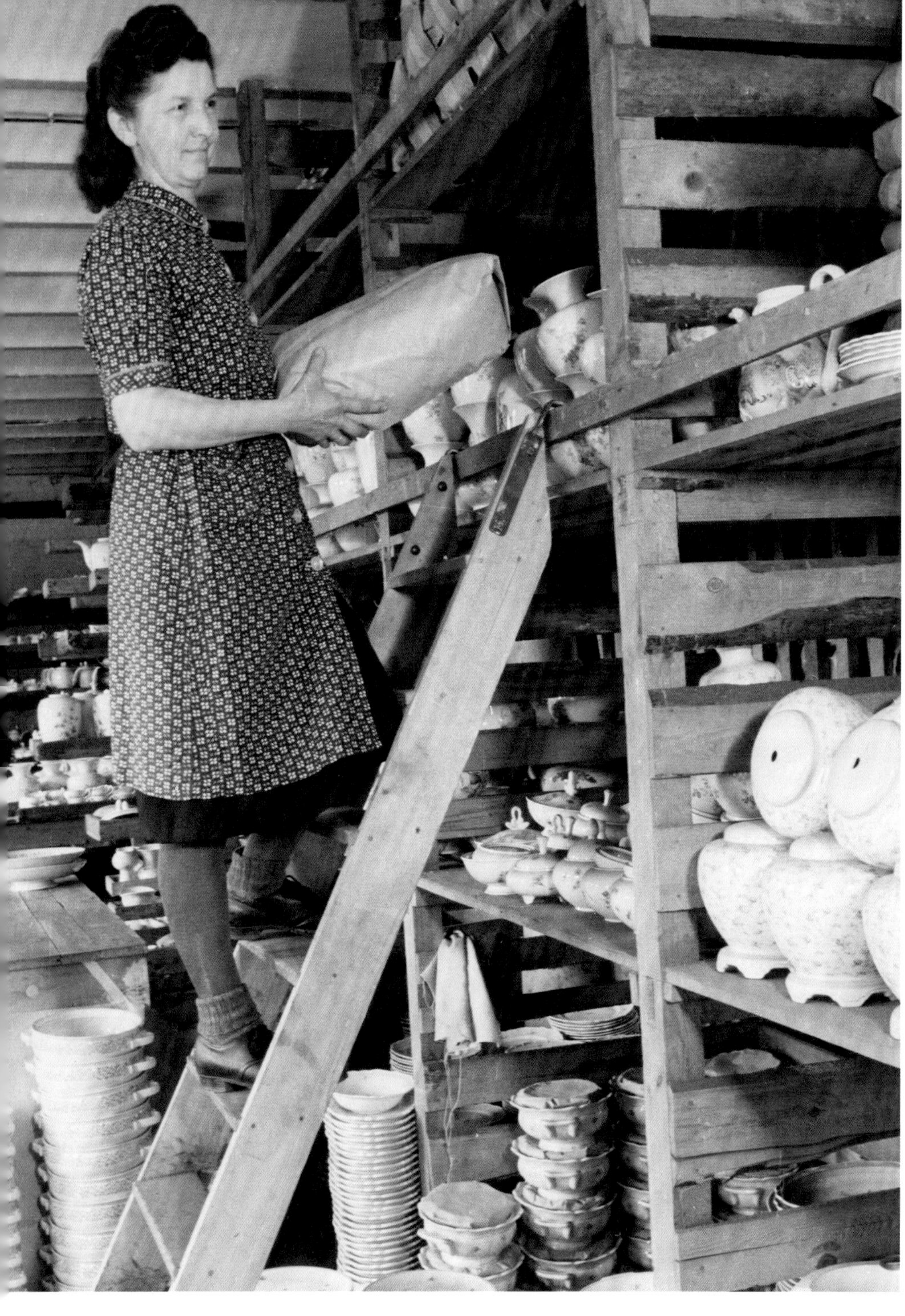

WEISSLAGER

Lange Zeit wurden die fertigen Porzellanprodukte in hohen Holzregalen gelagert. Dies war eine schwere körperliche Arbeit. Erst mit einer innerbetrieblichen Neukonzeption der Produktionshallen Ende der 1990er-Jahre gelang es, Hochregallager aufzustellen, zwischen denen zusätzlich auch Gabelstapler fahren konnten. So wurde endlich genügend Raum für die Sortierung der Weiß- und Fertigware sowie Verpackung und Versand geschaffen.

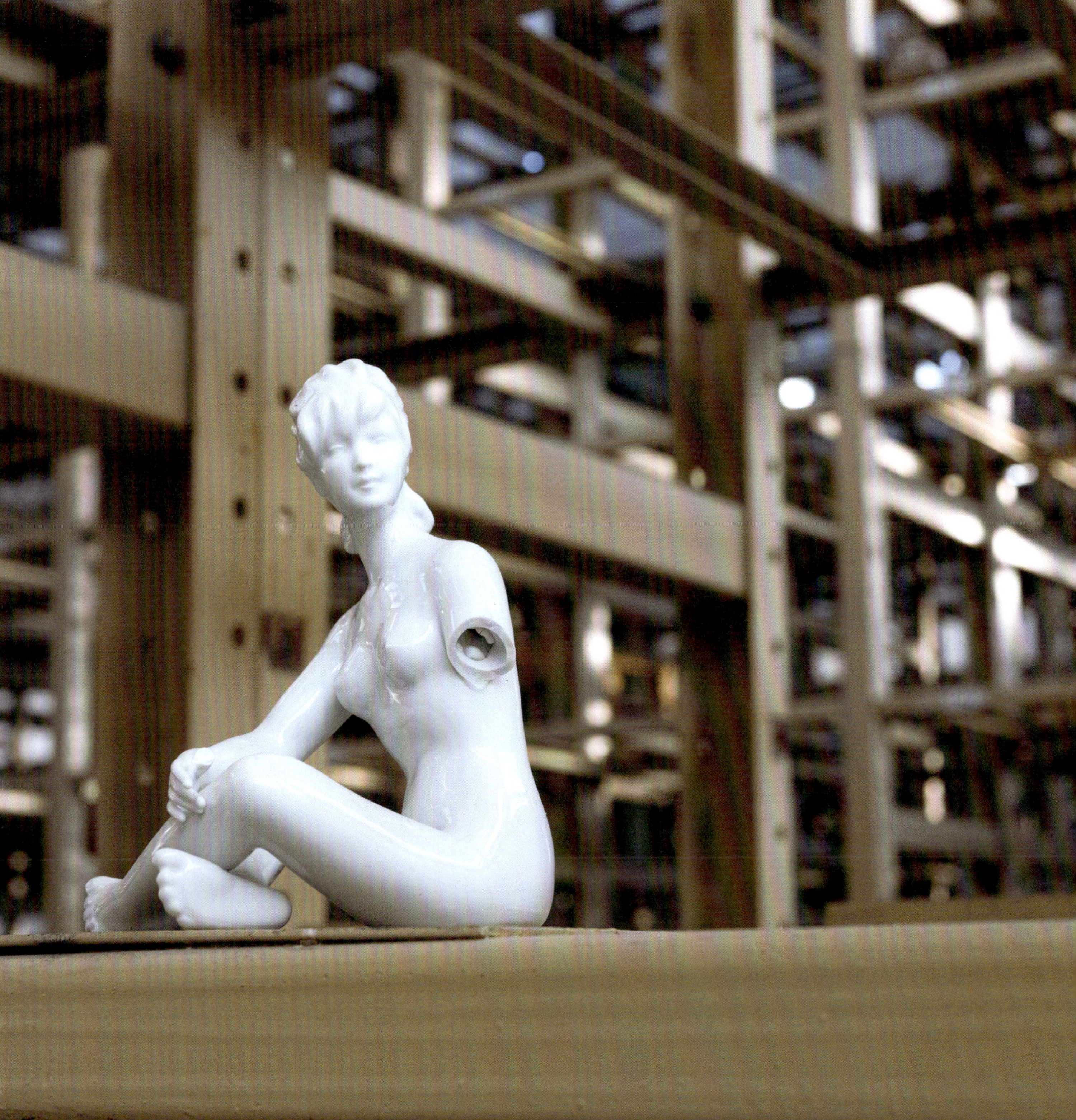

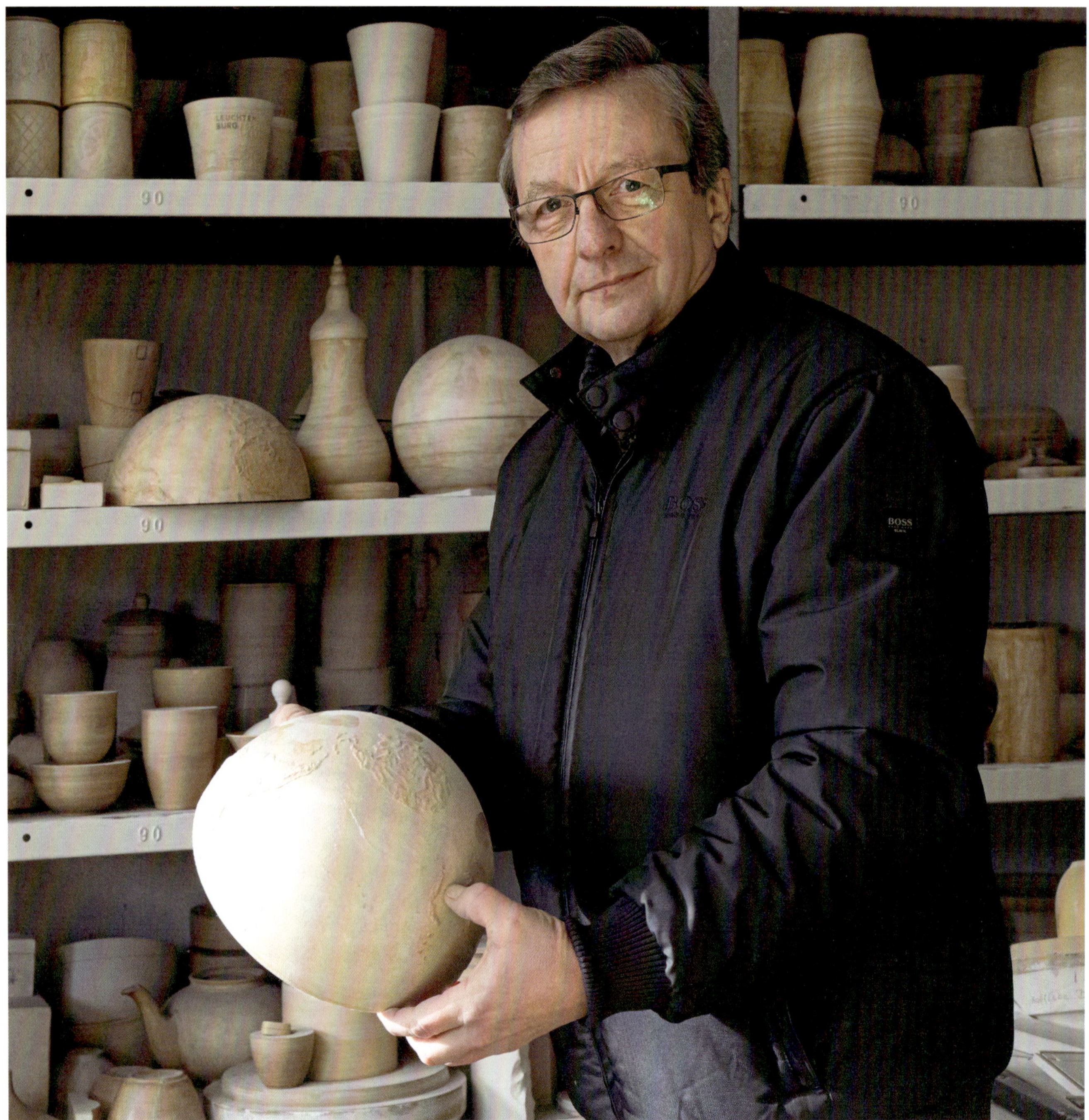
BOSS

LUTZ KIRSCHMANN

MAN NANNTE UNS DAMALS WEISSKITTEL

Als ich 2007 zu Weimar Porzellan kam, hatte kurz zuvor Könitz Porzellan die Manufaktur in Blankenhain übernommen. Gesucht wurde ein Abteilungsleiter für die Formgebung, die sowohl die Formentwicklung als auch den Formenbau umfasst – in beiden Bereichen konnte ich jahrelange Erfahrung vorweisen.

Angefangen hat bei mir alles bei Kahla Porzellan, wo ich nach der 10. Klasse eine Lehre als Modelleinrichter gemacht habe. Sie ist quasi die Grundausbildung für jede Art der Formgebung in der Porzellanindustrie, denn der Modelleinrichter ist für die Fertigung der sogenannten Mutterform eines Porzellanartikels zuständig. Die Modellformen werden aus Gips angefertigt und dienen als Basis für alle künftigen Arbeits- und Herstellungsformen. Ich habe zusätzlich neben der Meisterschule für Modelleure in Meißen auch noch ein Studium als Formgestalter an der Fachschule für angewandte Kunst in Heiligendamm gemacht. Um mit der Praxis vertraut zu werden, bin ich nach jeder Ausbildungsetappe zurück an die Werkbank, um den Beruf ein paar Jahre auszuüben. Erst danach habe ich die nächste Stufe genommen. Zu DDR-Zeiten wurden wir übrigens gern als Weißkittel bezeichnet. Nicht nur weil wir ohnehin den ganzen Tag im Gipsstaub standen, sondern weil alle Modelleure und Designer damals weiße Kittel als Arbeitskleidung trugen.

Wie auch Weimar Porzellan ist das Werk in Kahla ein paar Jahre nach der Wende insolvent gegangen und ich musste mir einen neuen Arbeitgeber suchen. Meine nächste Wirkungsstätte fand ich zunächst in der Töpferstadt Bürgel. Die Stadt in Ostthüringen ist vor allem für ihre blau-weiße Keramik bekannt. Statt Porzellan war mein Element dort allerdings Ton. Die Formgebung mag zwar sehr ähnlich sein, der Werkstoff ist jedoch ein ganz anderer. Ton ist ein natürliches Material, während Porzellan aus drei Komponenten besteht: Kaolin, Quarz und Feldspat. Je nach Volumenanteil variieren die Porzellaneigenschaften ein wenig. Verglichen mit Ton ist Porzellan grundsätzlich immer fester und dichter. Betrachtet man einen Porzellan- und einen Tonscherben, so lässt sich der Unterschied leicht erkennen. Letzterer ist viel poröser. In Bürgel habe ich viele neue Produkte entworfen und lernte, sie so umzusetzen, dass sie später auch genauso reproduziert werden konnten.

Diese Erfahrung kam mir Jahre später in Blankenhain zugute. Dort standen wir regelmäßig vor der Herausforderung, die Vorstellungen externer Designer umzusetzen. Sie kamen mit einer Idee zu uns, die wir gemeinsam weiterentwickelten, um sie reproduzierbar zu machen. Bei der Gelegenheit merkte man sofort, ob jemand das Porzellanhandwerk kennt und versteht. So muss man beispielsweise die Deformationen eines Objektes

LUTZ KIRSCHMANN

»PORZELLAN BLEIBT EIN LEBEN LANG FEST, DICHT UND STABIL.«

Als echter Porzelliner war Lutz Kirschmann, Jahrgang 1955, von 2007–2018 als Leiter für Formenbau und -entwicklung bei Weimar Porzellan tätig. Sein handwerkliches Geschick und Fachwissen gab er als Ausbilder weiter.

beachten und wissen, wie es sich im Ofen verhält. Es soll ja nach dem Brennen nicht nur so aussehen, wie man sich das anfangs gewünscht hat – in den meisten Fällen soll der Artikel auch einen bestimmten Zweck erfüllen.

Einer der bekanntesten Fremddesigner, dessen Ideen wir quasi in Porzellan gegossen haben, war Luigi Colani. Im Vergleich zu dem, was Weimar Porzellan sonst herstellte, ist das ziemlich ausgeflipptes Zeug gewesen. Mit Namen wie Colani oder Paloma Picasso brachte man sich als Unternehmen ins Gespräch und machte auf sich aufmerksam.

Sicher hatte ich selbst, wie auch alle meine Kollegen in der Entwicklung, Ambitionen, eigene Designs umzusetzen. Dazu kam es jedoch nur, wenn der Entwurf den Vorstellungen der Verkaufsabteilung entsprach. Wir sollten unsere Fähigkeiten einbringen, unsere Ideen waren weniger gefragt. Also haben wir all unsere Kreativität ins Handwerk gesteckt. Da merkte man, dass es sich bei Weimar Porzellan noch um eine echte Manufaktur handelte. Die Kollegen mit ihrem individuellen Wissen und ihrer Erfahrung waren noch in der Lage, handwerkliche Wunder zu vollbringen. Hier hatte man nicht für jeden Arbeitsschritt eine Maschine zur Verfügung, im Gegenteil. Es war auffällig, wie viele Handarbeitsplätze es gab, wenn man das so sagen kann. Die waren alles andere als hochtechnisiert, sondern echte handwerkliche Produktionsstätten. Jeder Mitarbeiter hat sich seinen Arbeitsplatz auf persönliche Weise eingerichtet und sich so sein eigenes Milieu geschaffen. Das war schon was ganz Besonderes.

Überhaupt war die Zusammenarbeit bei Weimar Porzellan sehr familiär. Man hat sich ausgetauscht und gegenseitig geholfen. Viele hatten das Porzellanhandwerk von Grund auf in Blankenhain gelernt. Echte Porzelliner, die mit Leidenschaft bei der Sache waren und ihr Wissen eingebracht haben. Man wusste um das Können der Kollegen und Kolleginnen, was für ein Potenzial in den Leuten steckte.

Mit diesem Sachverstand und dem Know-how hätte Weimar Porzellan durchaus weiter bestehen können. Allerdings in einem viel kleineren Rahmen. Mit einem moderneren Werk, auf weniger Fläche und mit einer neuen strategischen Ausrichtung wäre Weimar Porzellan meines Erachtens existenzfähig geblieben. Es gab ja nach wie vor einen Markt für bestimmte Artikel und mit den noch vorhandenen Aufträgen hätte man für den Anfang zumindest ein Standbein gehabt. Doch dazu kam es leider nicht.

Das Ende von Weimar Porzellan war auch das Ende meiner beruflichen Tätigkeit, denn mein erster Rententag fiel genau mit dem Beginn der Insolvenz zusammen. Wenn man so will, hatte ich quasi Glück im Unglück.

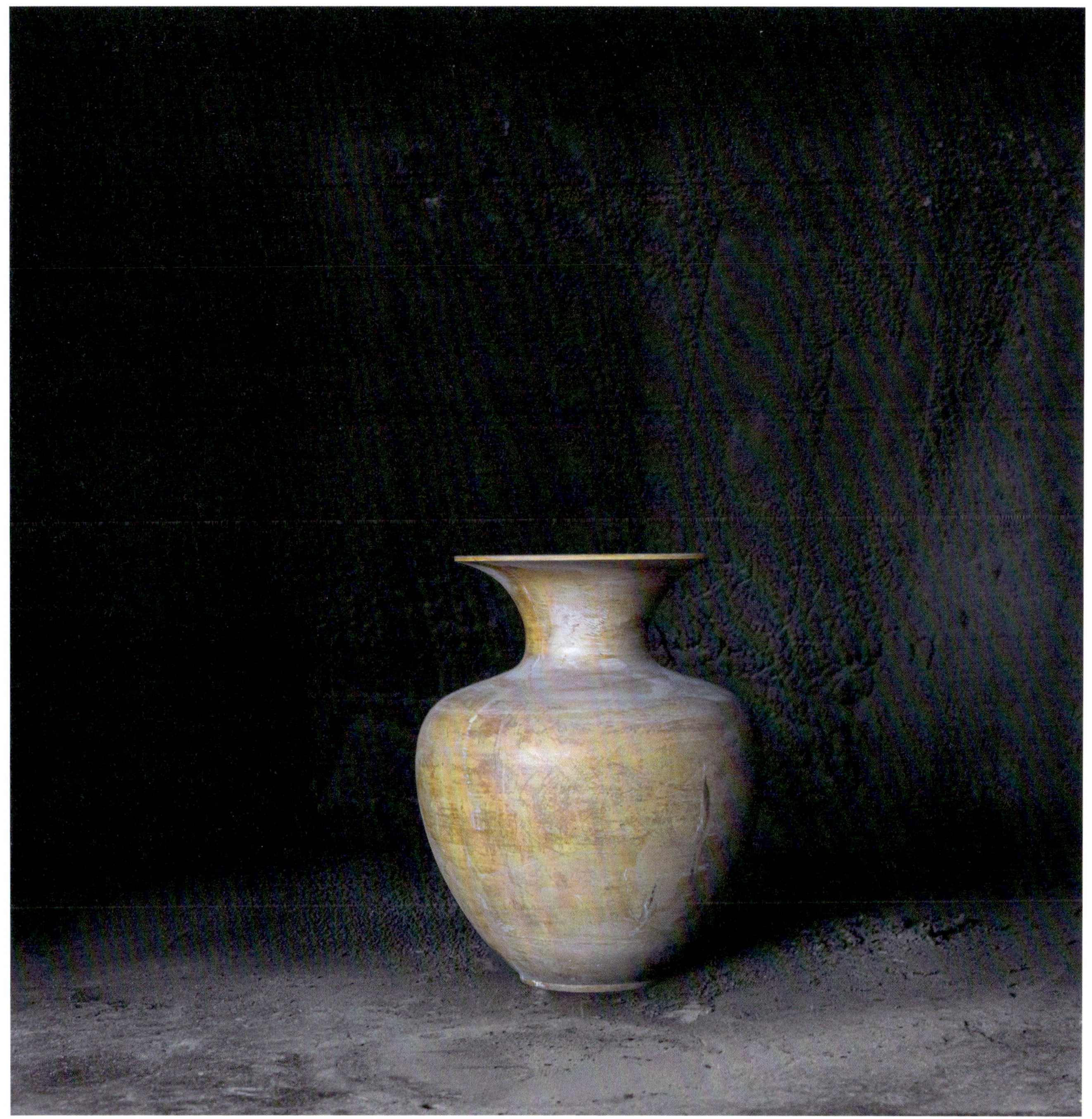

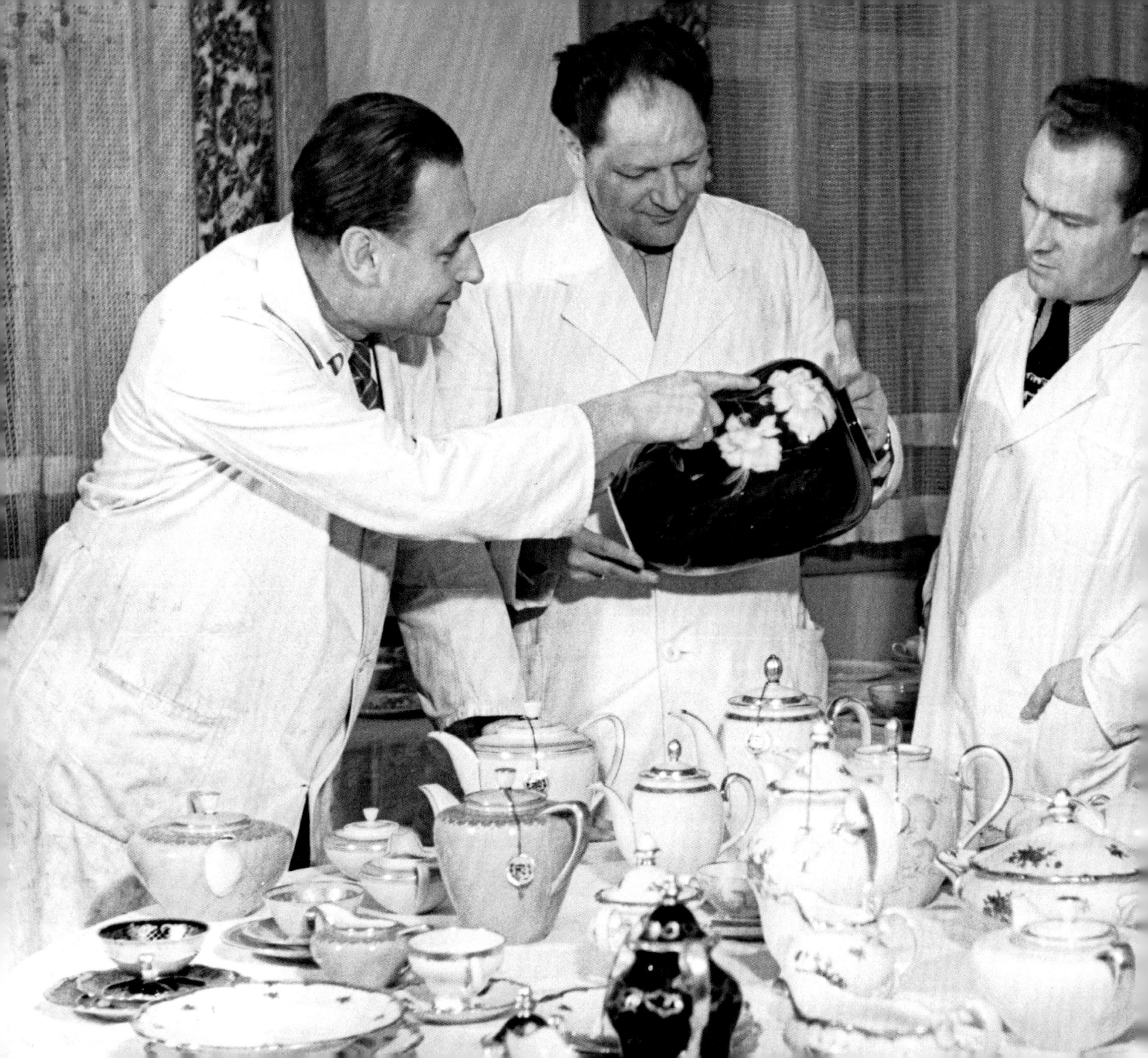

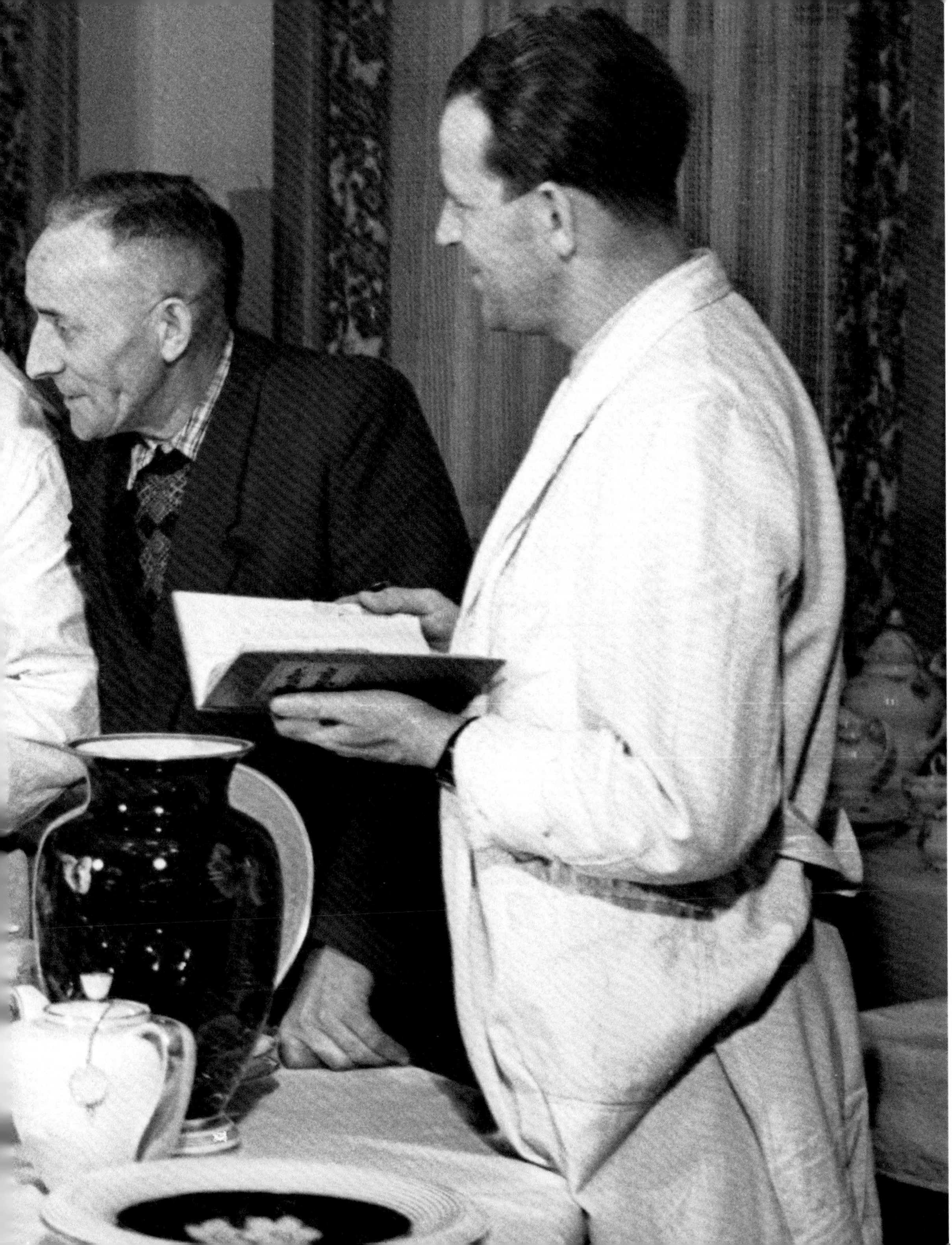

MUSTERZIMMER

Während die Neuentwicklung einer Serviceform schon mal zwei Jahre dauern konnte, entstanden Dekorentwicklungen wesentlich zügiger. Die Zeitung ›Das Volk‹ meldete in ihrer Ausgabe vom 25.11.1968: »Jährlich entwickelt das Kollektiv der Dekorgestalter zur Leipziger Frühjahrs- und Herbstmesse 15 bis 20 Neuheiten.« [4] *Der letzte prüfende Blick erfolgte bei Weimar Porzellan oft im Musterzimmer – von der Belegschaft liebevoll ›MuZi‹ genannt.*

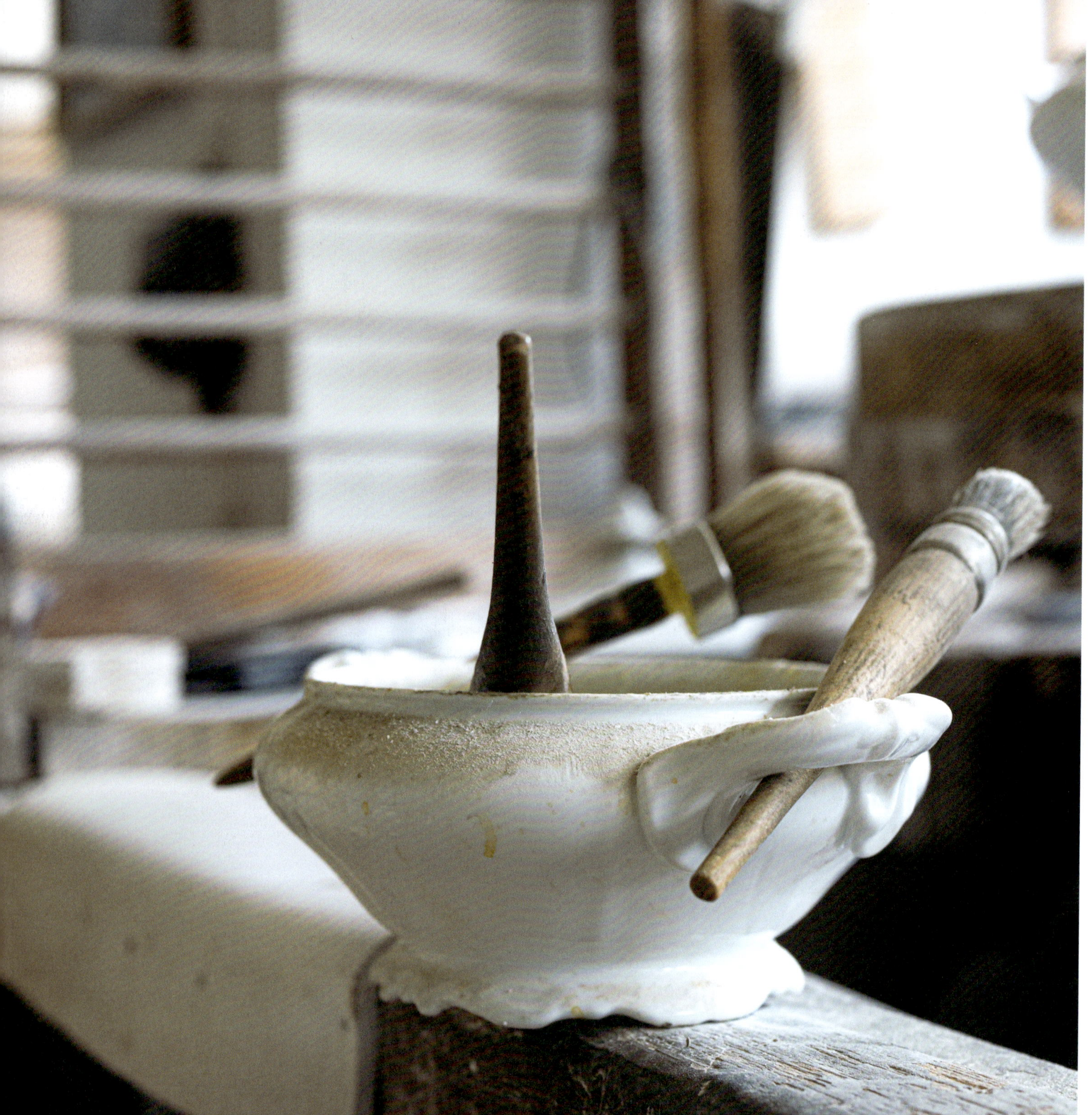

LEHRLINGS-AUSBILDUNG

*Zwischen 1950 und 1970 wurden bei Weimar Porzellan mehr als 250 Facharbeiter*innen ausgebildet, darunter etliche in den Bereichen Malerei und Dekoration. Viele Lehrlinge konnten erfolgreich an Fach- und Hochschulen delegiert werden. Ein besonderer Grund dafür war die erlernte Genauigkeit in Pinselführung und Farbtechnik.*

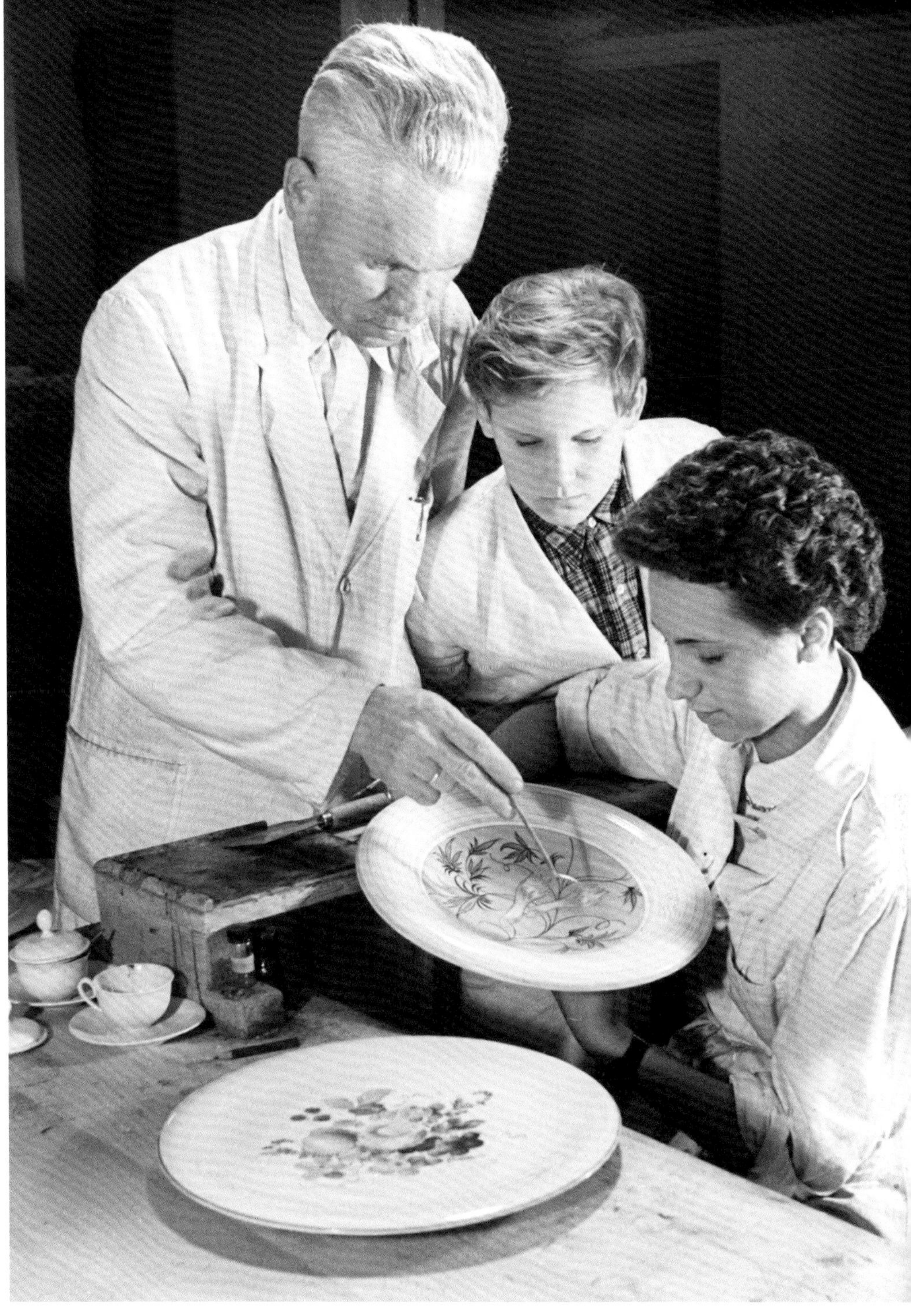

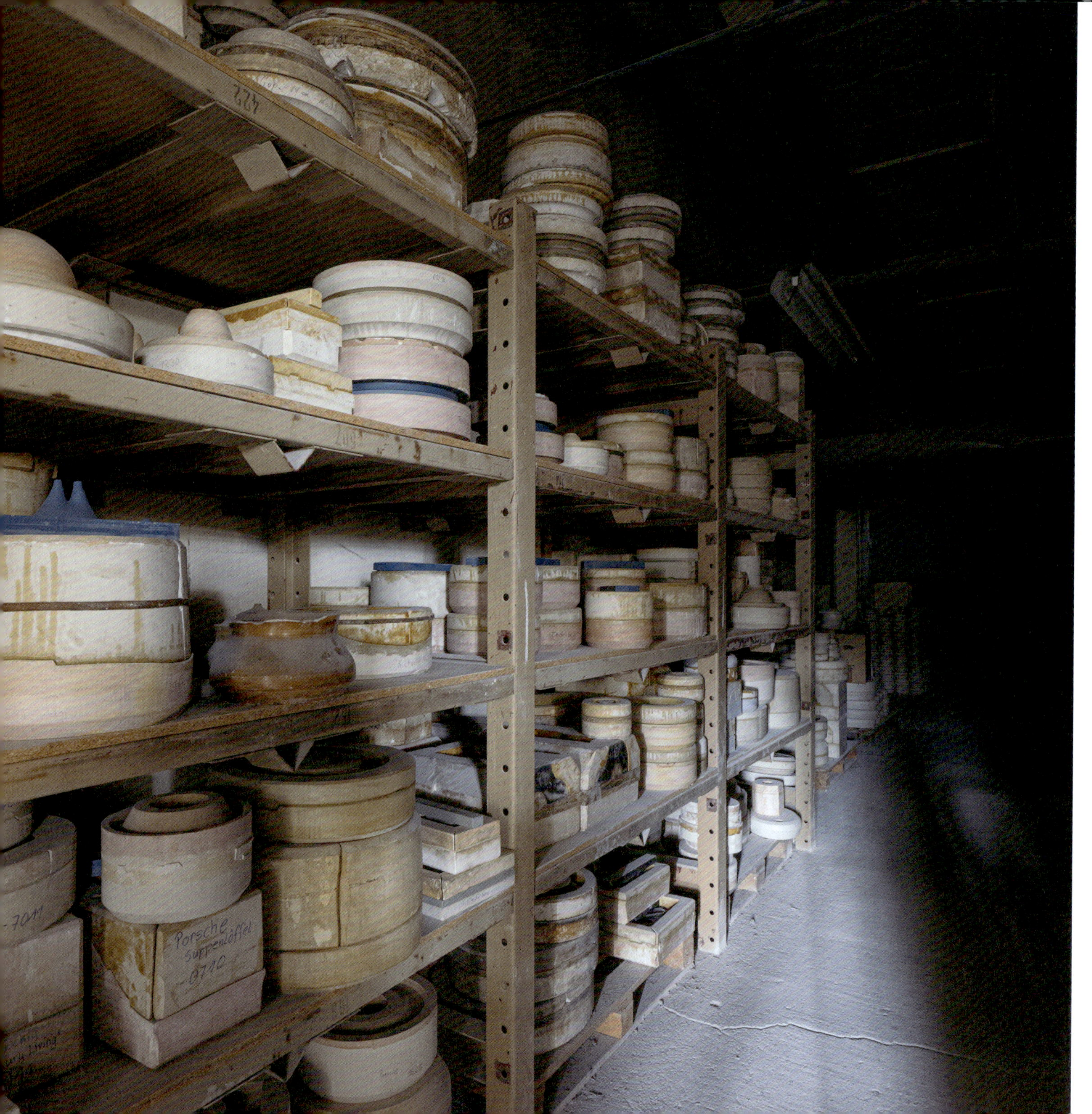
Porsche
Suppenlöffel
-0710

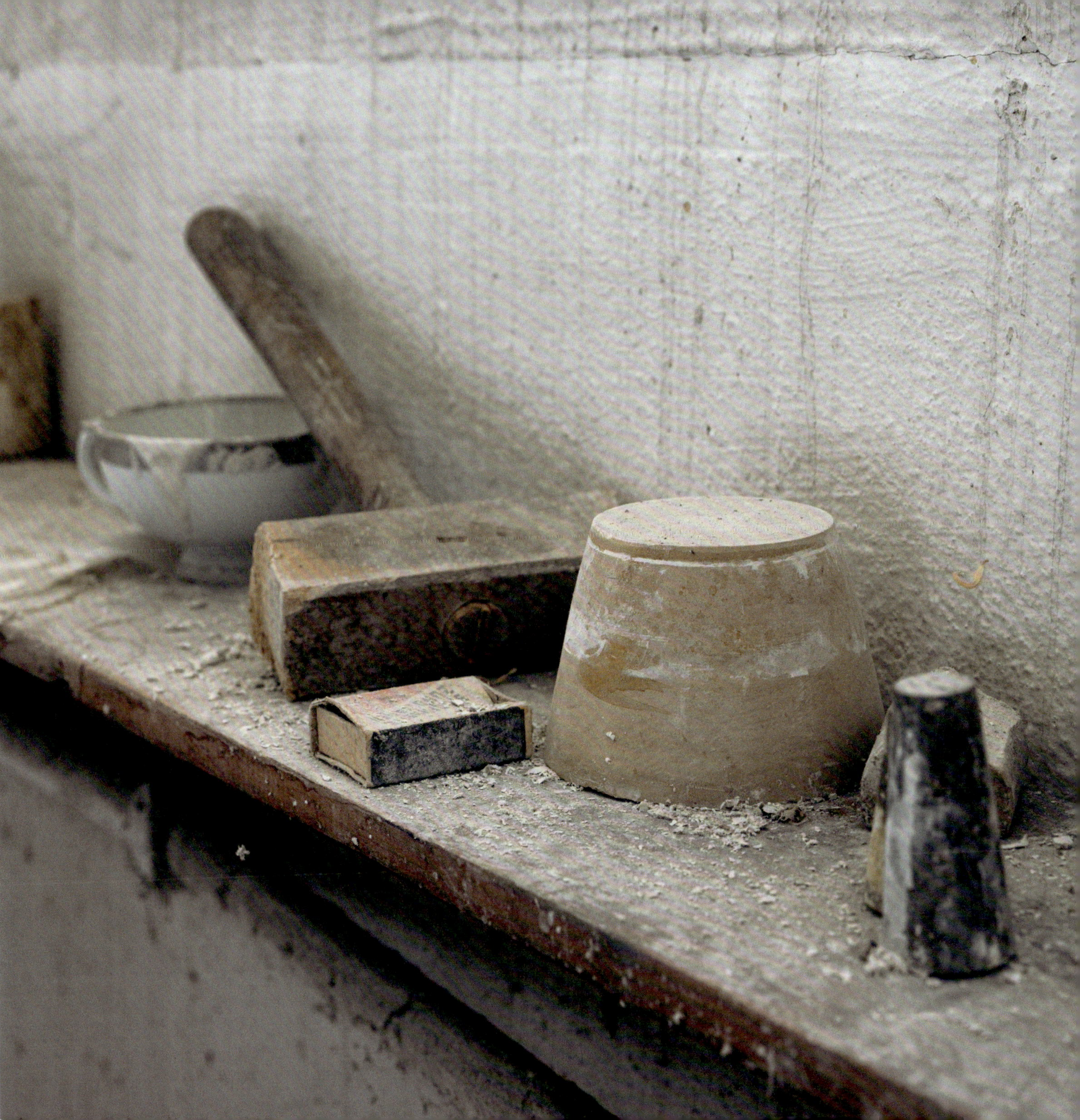

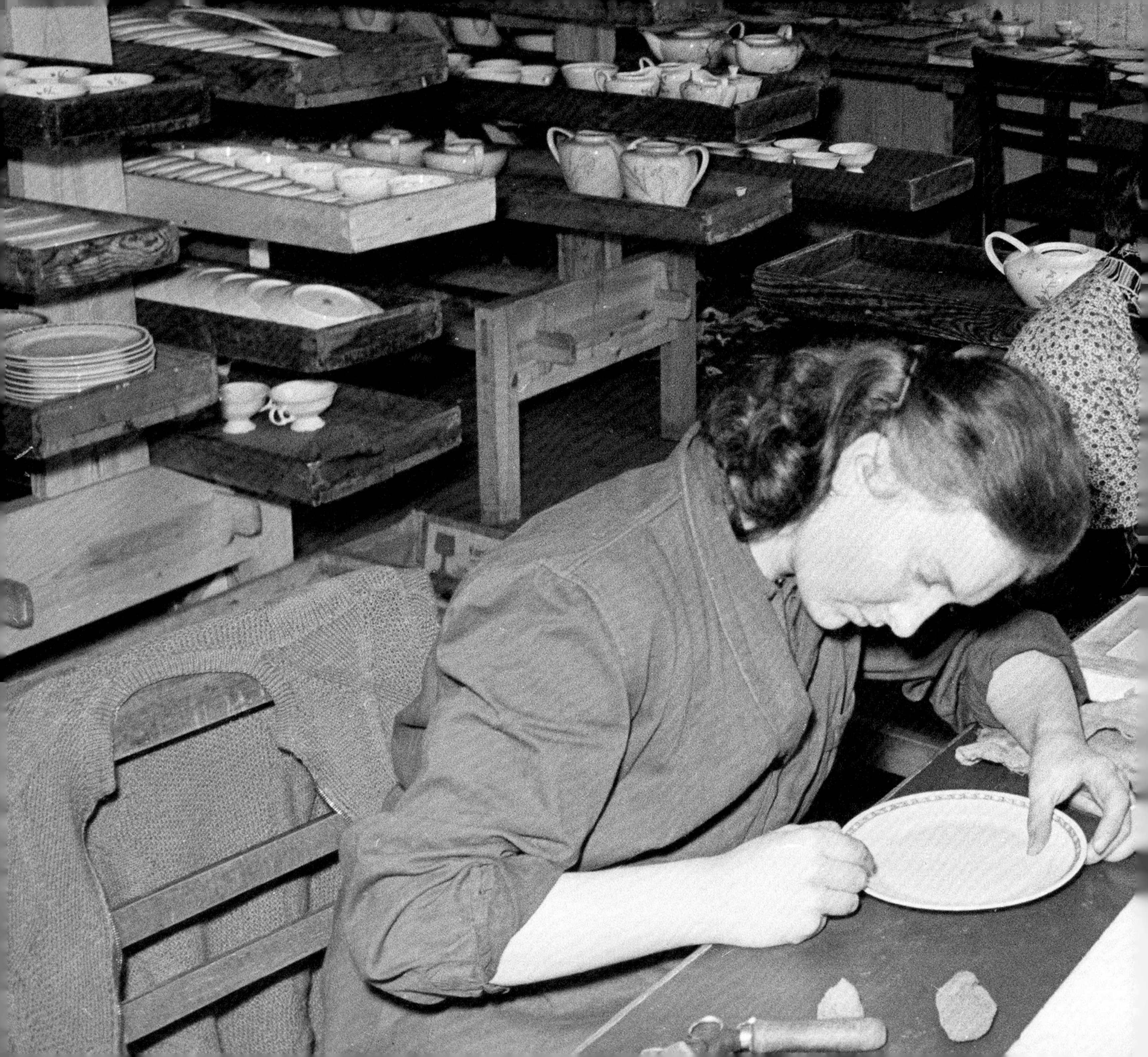

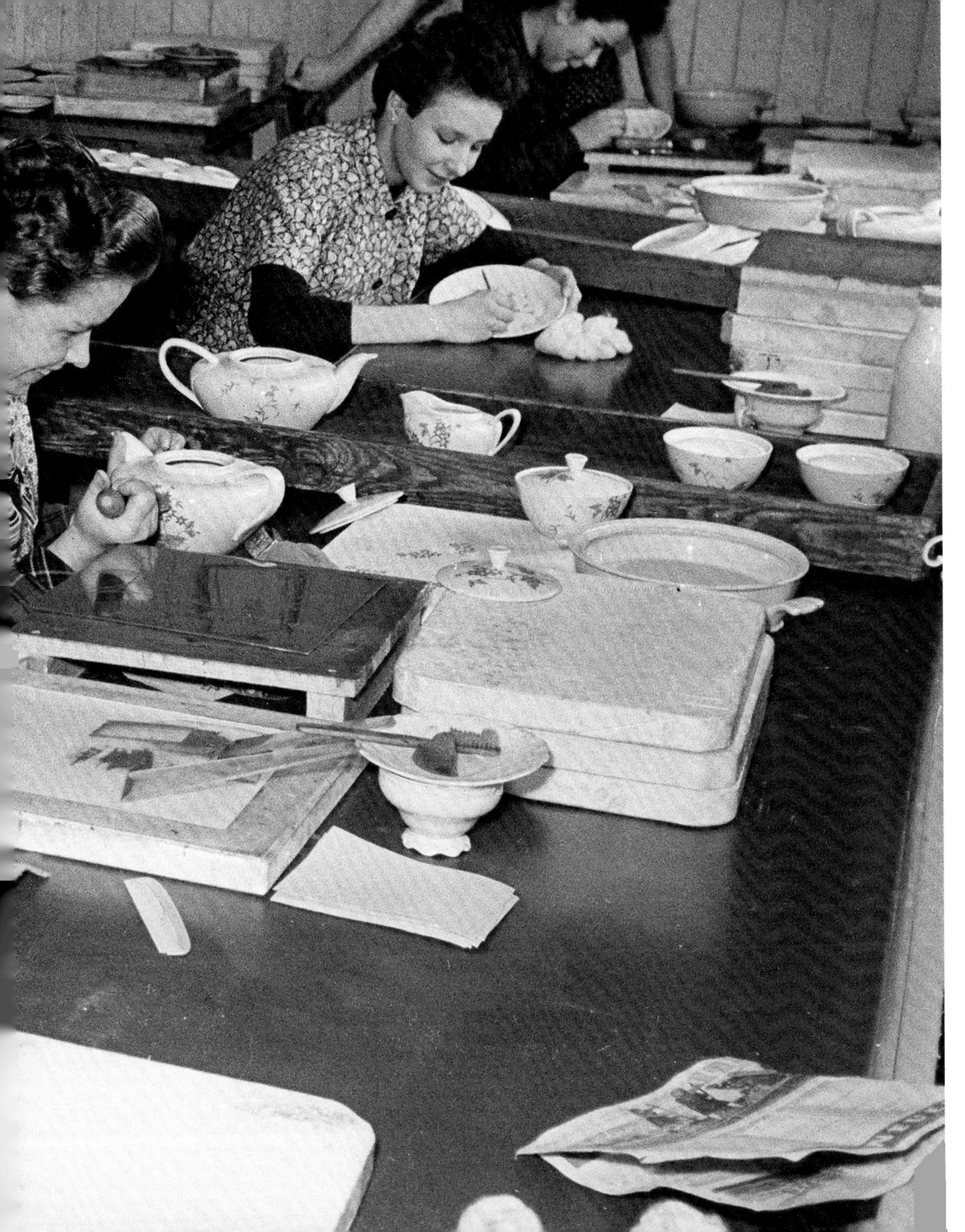

DEKORATION

Bereits in den 1880er-Jahren wurde eine eigene lithografische Abteilung eingerichtet und mittels Flachdruckverfahren die Vervielfältigung der Dekore forciert. Ergänzend kamen verschiedene Stempeltechniken hinzu, was die Handmalerei zunehmend verdrängte. Später wurde auch die Dekorherstellung via Siebdruck genutzt – ein bis heute gängiges Verfahren in der Porzellanbranche, mit welchem die sogenannten Schiebebilder hergestellt werden.

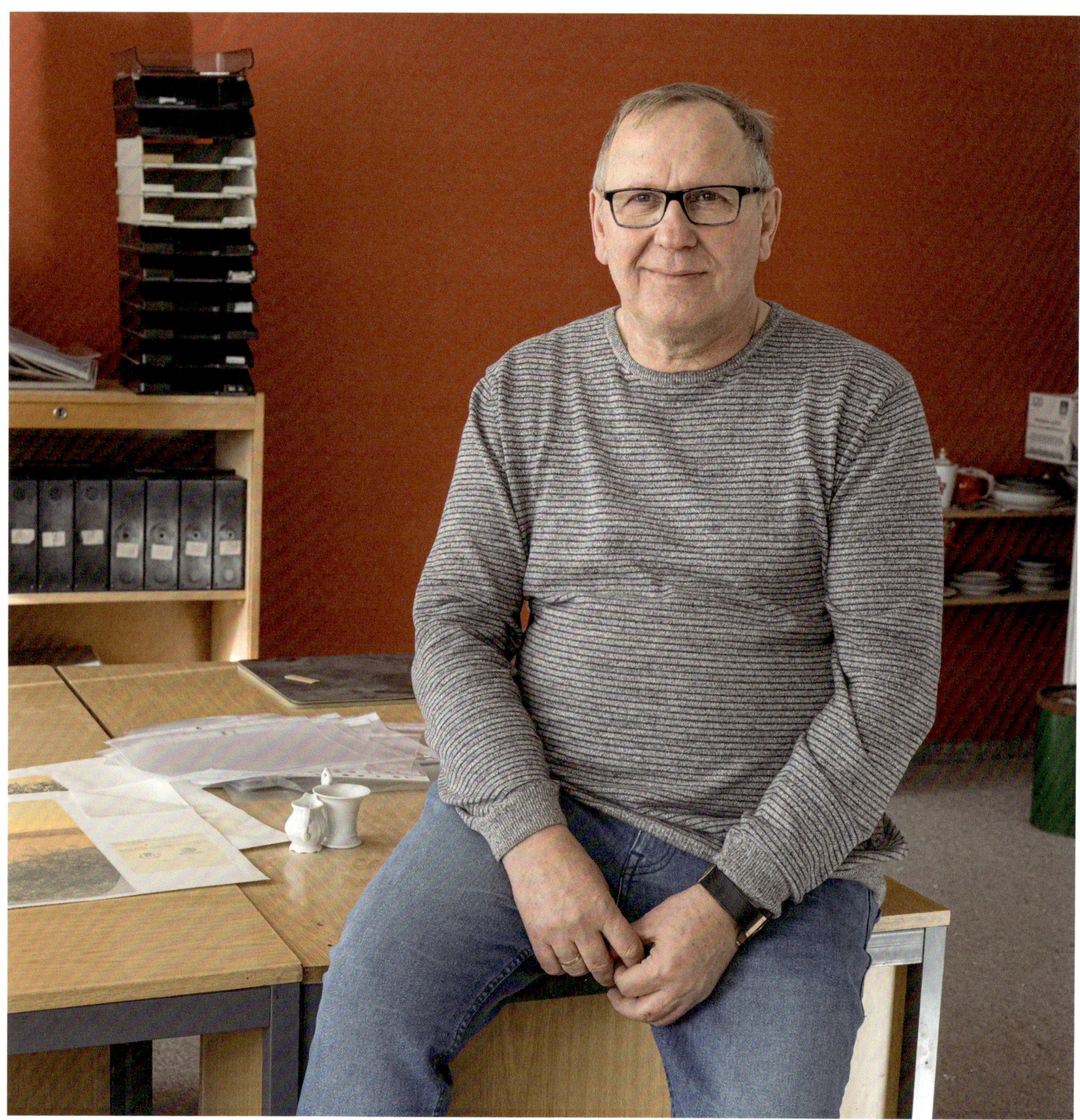

REINHARD KRAUẞE

ICH HABE PORZELLAN IM HERZEN

Weimar Porzellan befand sich bereits in einer schwierigen Lage, als ich 2016 als letzter Betriebsleiter ins Unternehmen kam. Bis dahin war ich als Produktions- und Einkaufsleiter bei Könitz Porzellan tätig, in dessen Besitz sich Weimar Porzellan seit 2007 befand. Die Stelle in Blankenhain war kurzfristig vakant geworden und ich sollte den Betrieb vorerst kommissarisch leiten.

Es hatte bereits Einschränkungen und Kündigungen seitens der Muttergesellschaft gegeben und man war mir gegenüber verständlicherweise zunächst skeptisch, was denn genau mein Auftrag sei. Es dauerte eine Weile, bis ich von den Mitarbeitern akzeptiert wurde. Auch mit den Produktionsabläufen musste ich mich erst wieder vertraut machen. Denn im Gegensatz zu Könitz gab es bei Weimar Porzellan auch eine eigene Weißfertigung. Darunter versteht man fertig gebrannte Artikel in klassischem Weiß, wie man sie vor allem aus der Gastronomie oder Hotellerie kennt. Danach wird von den Porzellanmalern die Veredelung vorgenommen und die weißen Artikel werden mittels keramischer Schiebebilder, Stempeldruck oder Handmalerei dekoriert.

In Könitz war die Weißfertigung aufgrund der hohen Kosten bereits 1995 geschlossen worden. Nur zehn Prozent der Mitarbeiter von Könitz Porzellan konnten damals bleiben, ich war einer davon. Ich wurde als Versandleiter eingesetzt und habe die kleine Restproduktion, die es noch gab, mitgesteuert. Die Weißware wurde vermehrt von anderen Herstellern zugekauft. Die Artikel kamen vornehmlich aus Osteuropa, ab 1999 auch aus China und Thailand. Das war auf die Masse gerechnet billiger, da vor allem die Lohnkosten in diesen Ländern unter denen in Deutschland liegen. Für mich selbst hatte das alles jedoch durchaus positive Auswirkungen. Da ich ab 1998 die Position des Einkaufsleiters innehatte, konnte ich plötzlich viel ins Ausland reisen. Kurz gesagt: Wo immer es etwas gab, das in unser Sortiment gepasst hat, bin ich hingefahren, um es zu beschaffen. Im Jahr 2002 bekam ich sogar die Möglichkeit, die thailändische Tochterfirma von Könitz Porzellan mit aufzubauen, was für mich zahlreiche Reisen bedeutete. Mir hat diese neue Herausforderung von Beginn an großen Spaß gemacht.

In Blankenhain hatte ich nun also wieder mit einer eigenen Weißfertigung zu tun und fühlte mich an meine Anfangszeit in der Porzellanbranche erinnert – als ich selbst noch in der Produktion tätig war. Ich habe sozusagen Porzellan im Herzen. Früher wurden keramische Produkte zum Brennen noch in sogenannte Schamottekapseln eingesetzt, bevor sie in den Ofen kamen. Diese Kapseln mussten aus Ton und pulverisierten Schamottescherben geformt, getrocknet und anschließend ebenfalls gebrannt werden. Dafür gab es eine eigene Berufsbe-

REINHARD KRAUßE

»DIE EINZIGE CHANCE WÄRE EINE MASSIVE VERKLEINERUNG GEWESEN, UM WENIGSTENS DIE TRADITION ZU ERHALTEN.«

Vom Mutterkonzern in Könitz kommend war Reinhard Krauße, Jahrgang 1957, von 2016–2018 letzter Betriebsleiter bei Weimar Porzellan. Als Einkäufer in der internationalen Porzellanbranche besaß er einen guten Überblick über den Weltmarkt.

zeichnung, den Kapseldreher. Ich hatte bereits meine erste Ausbildung zum Elektromonteur sowie den anschließenden Grundwehrdienst hinter mir, als ich 1981 als Quereinsteiger meine Stelle als Kapseldreher bei Könitz Porzellan antrat. Später war ich als Formengießer beschäftigt und fertigte Gipsformen – so habe ich die Porzellanbranche zunächst aus der handwerklichen Perspektive kennengelernt, bevor ich dann später auf die administrative Seite wechselte.

Während meiner kurzen Zeit bei Weimar Porzellan gab es noch einen großen Auftrag, an dem wir bis Mitte 2017 gearbeitet haben. Doch im Anschluss wurde es immer schwieriger, den Betrieb aufrechtzuerhalten. Die Nachfrage war einfach zu gering, sowohl nach dem klassischen Sortiment als auch den neuen Entwürfen, die es durchaus noch gab. Da hätte insgesamt mehr Masse produziert werden müssen. Doch darauf war man in Blankenhain nicht ausgerichtet. Das Besondere war die aufwendige Handarbeit und diese Finesse, mit der dort gefertigt wurde. Und so kam es dann zu der Entscheidung, im April 2018 Insolvenz anzumelden und die Fabrik zum Jahresende für immer zu schließen.

Eine Fortführung des Betriebs wäre meines Erachtens nur als kleine Manufaktur möglich gewesen, um wenigstens die Tradition und das Fachwissen zu erhalten. Allerdings war nicht nur das Werk selbst dafür zu groß, auch das Risiko für solch ein Unterfangen war hoch. Von den altgedienten Mitarbeitern wollte sich keiner darauf einlassen und Nachwuchskräfte mit entsprechendem Fachwissen gibt es kaum. Das gilt leider für die gesamte Porzellanbranche: Immer mehr ältere Fachleute scheiden aus und es kommen nur wenige junge nach.

Weimar Porzellan war vor allem bekannt für das, was nach der Produktion der Weißware folgt: die Veredelung. Neben handgemalten Motiven oder der Verzierung mit Gold war die Kobaltdekoration ein wahres Alleinstellungsmerkmal der Porzellanmaler in Blankenhain. Sie zählt zu den ältesten keramischen Veredelungsarten und ist nur dann vollkommen und hochwertig, wenn kein Übergang von der dekorierten zur undekorierten Fläche zu erkennen ist. Bei Weimar Porzellan ist wirklich etwas Außergewöhnliches entstanden. Das war hohe Porzellanmacherkunst, das kann man nicht anders sagen.

Für mich war die kurze Zeit in Blankenhain eine erfüllte Zeit. Dass ich in meinem fortgeschrittenen Alter so eine komplette Produktion leiten konnte, war ein großes Glück, und ich kann die lange Zeit, in der ich in der Porzellanbranche tätig gewesen bin, nicht ausblenden. Wenn man hier in der Gegend zu Hause ist, fährt man regelmäßig an den Porzellanwerken vorbei. Da kommen Erinnerungen hoch – und fast immer die guten.

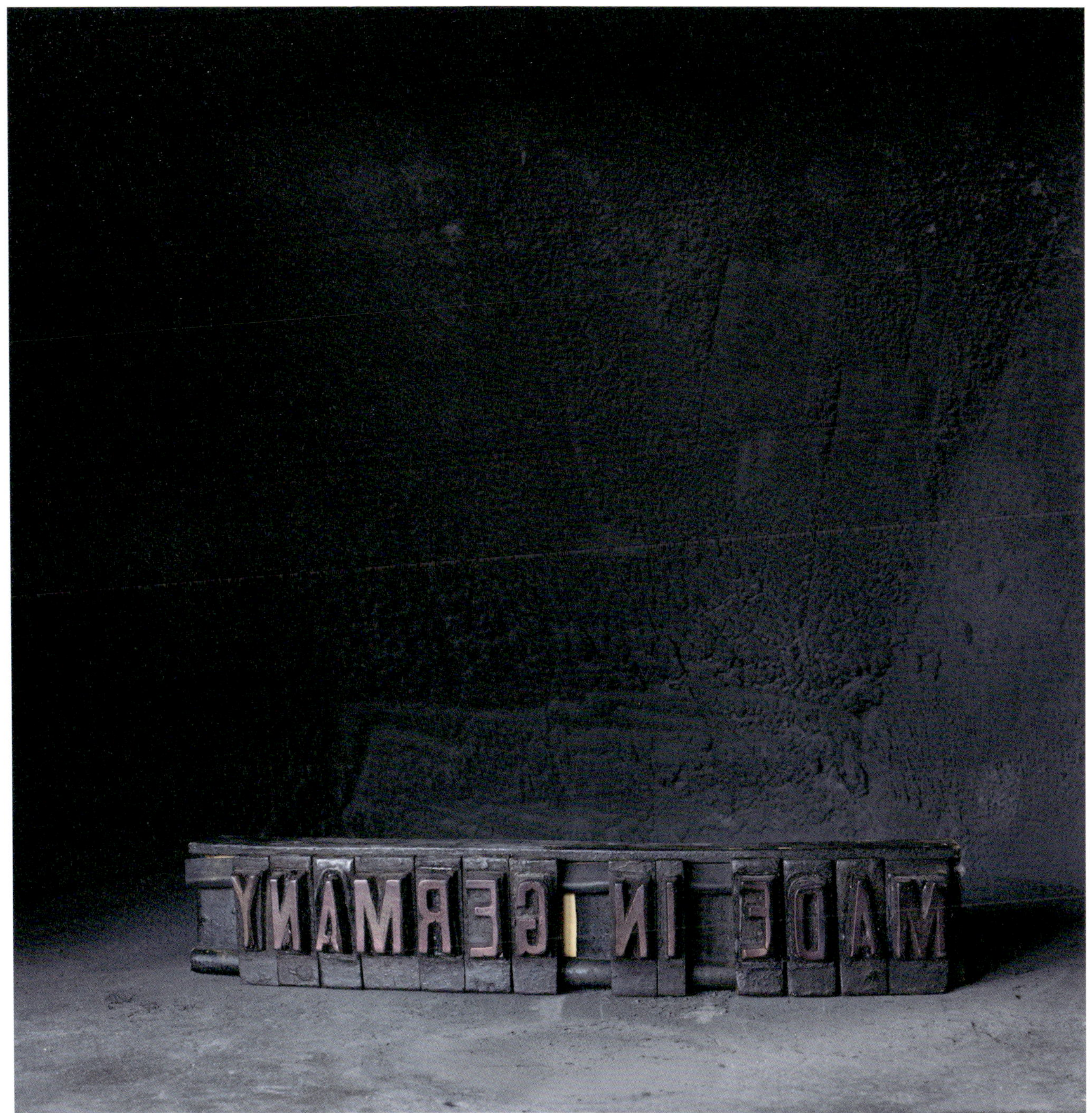
MADE IN GERMANY

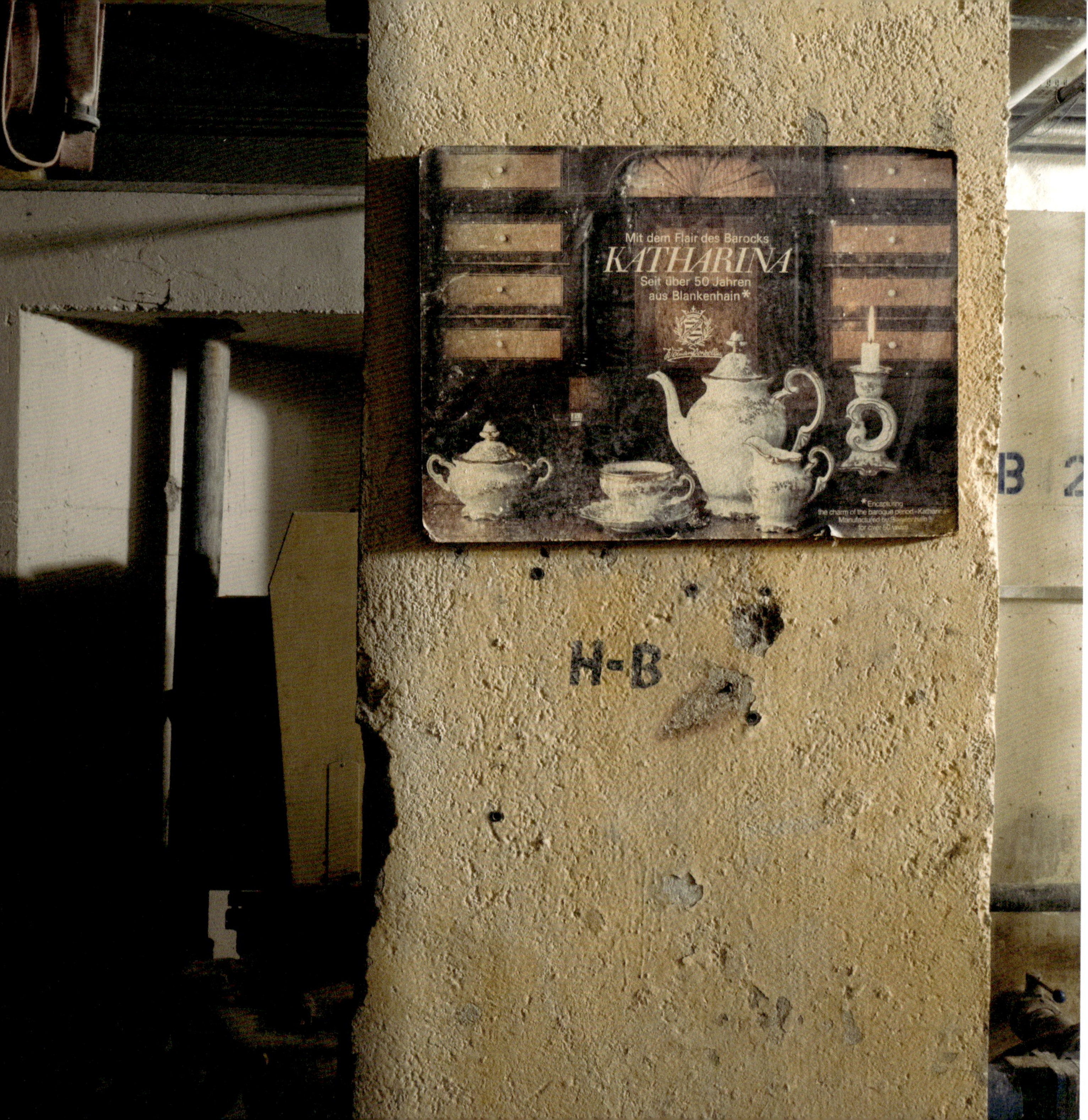
Mit dem Flair des Barocks
KATHARINA
Seit über 50 Jahren
aus Blankenhain*
H-B
B 2

IM ZEICHEN DER MESSE

Die frühzeitige Präsenz an den einschlägigen Messestandorten in Ost und West beförderte stetig den Export der Waren aus Blankenhain. Bereits in den 1920er-Jahren gab es Geschäftsbeziehungen nach Belgien, England, Finnland, Spanien, in die Niederlande, die USA, die Ukraine und den Orient. Ab den 1970er-Jahren wurde besonders in die Sowjetunion, die Schweiz, nach Schweden, Dänemark, Norwegen, Italien, Griechenland, Persien, die USA, Kanada, Mexiko, Argentinien und in die Südafrikanische Union geliefert.

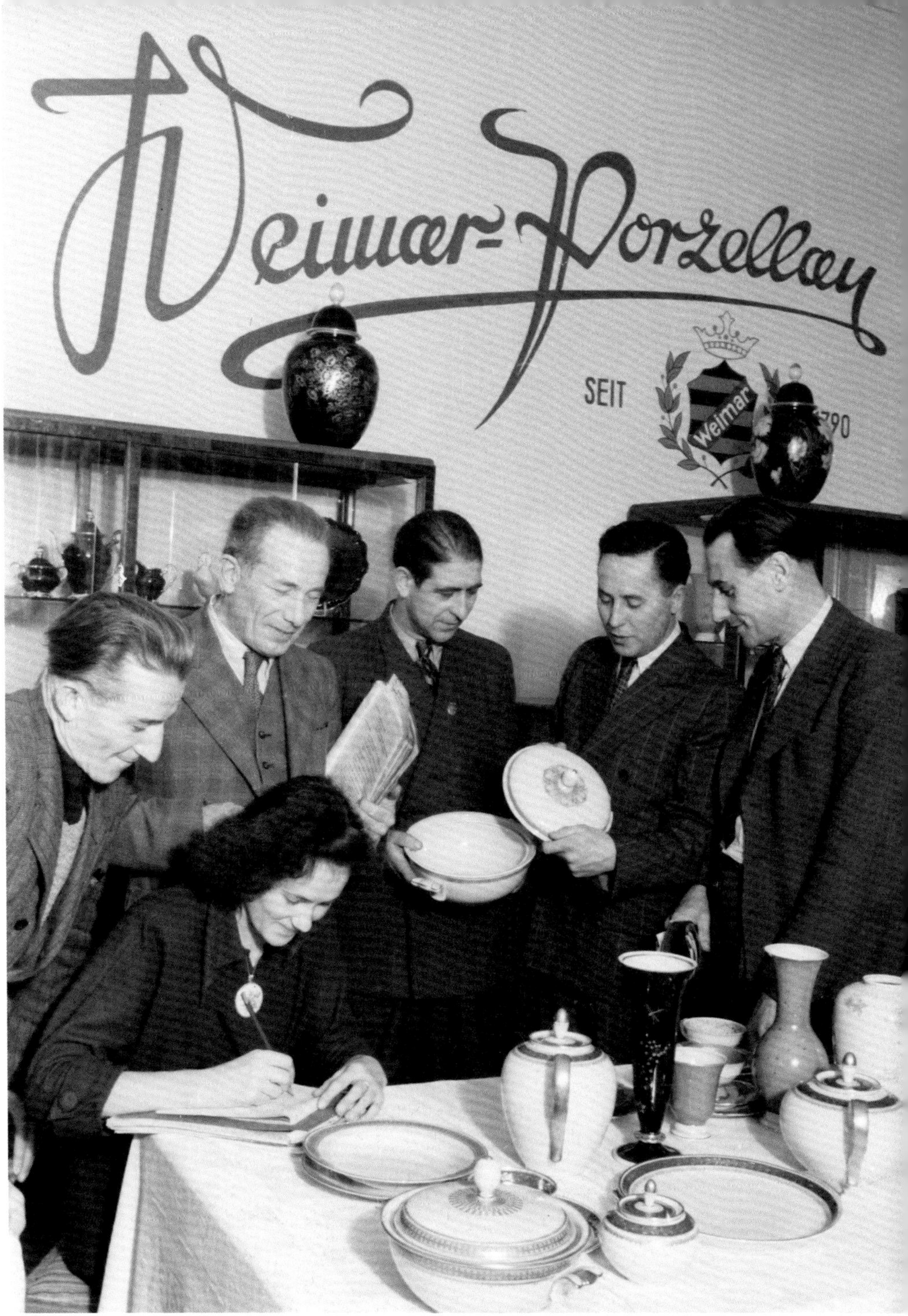

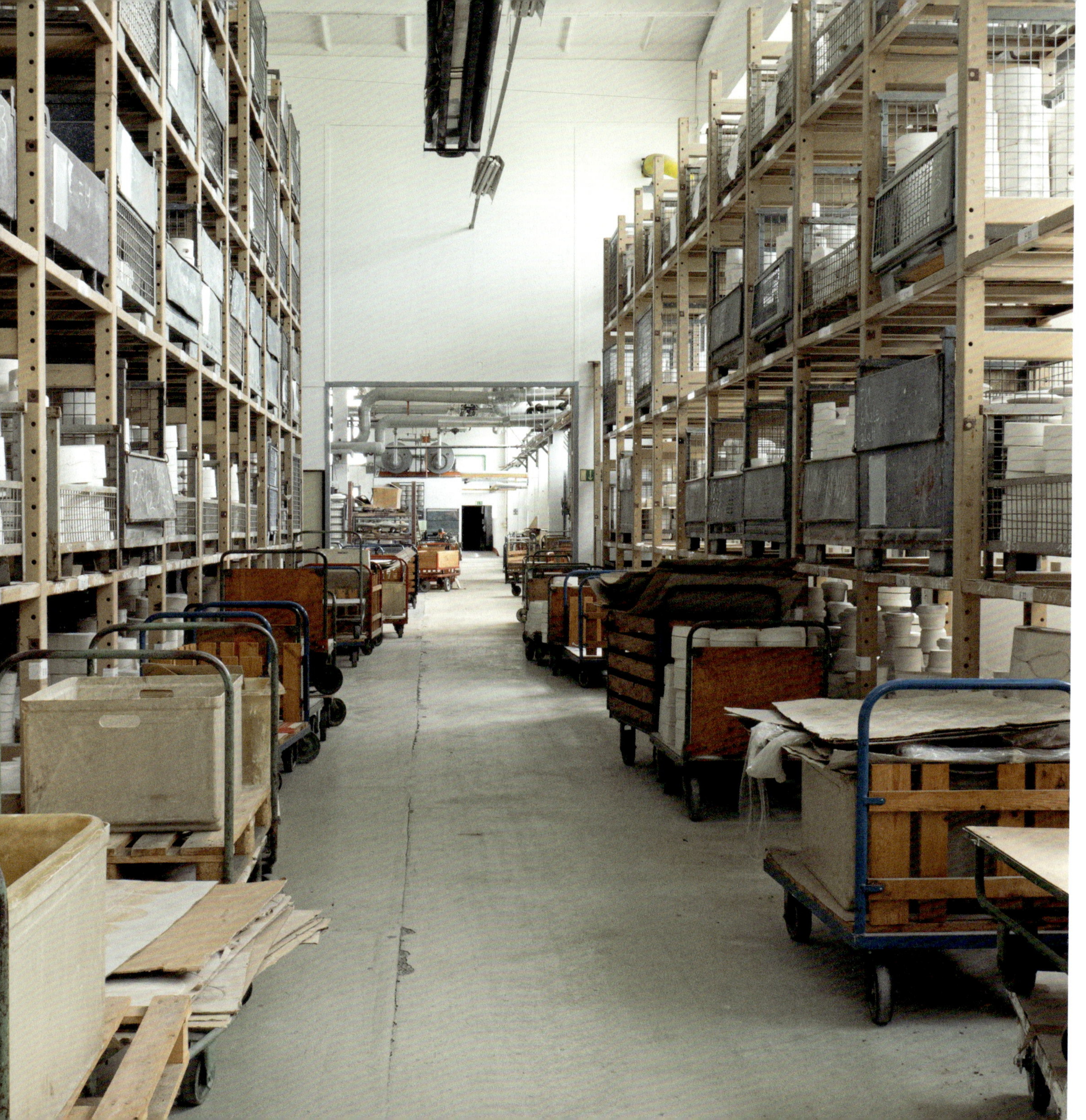

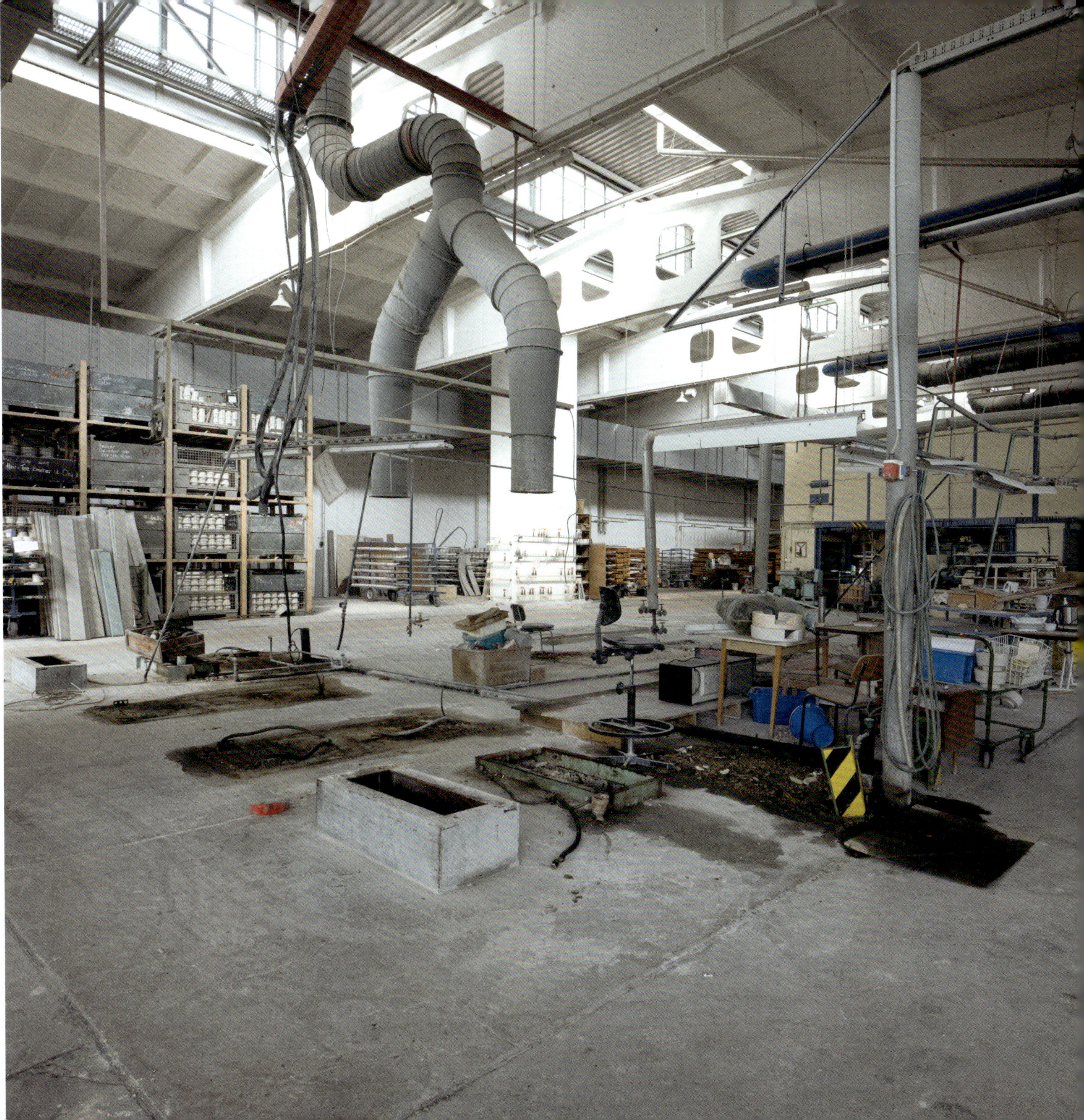

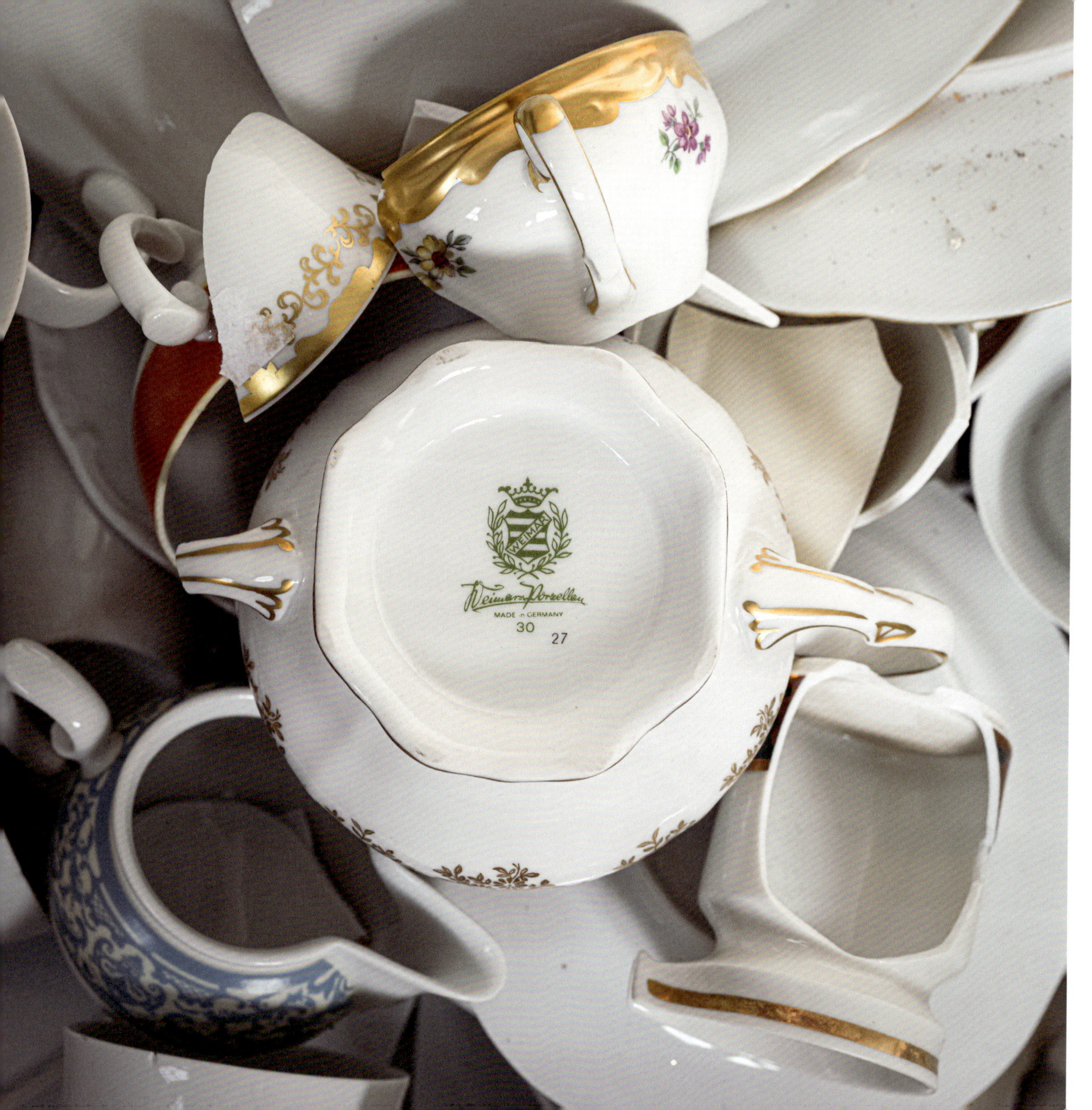
WEIMAR
Weimar-Porzellan
MADE in GERMANY
30
27

GIESSERIN

Die in großer Anzahl hergestellten Arbeitsformen aus Gips boten auch für die händische Arbeitsweise schon früh eine effektive Fertigung mehrerer Porzellanstücke gleichzeitig. Nach dem Schlickerguss wurden die Porzellanrohlinge sorgfältig aus den Formen genommen und weiterbearbeitet.

SCHERBEN: Bereits der lederhart angetrocknete Rohling wird als Scherben bezeichnet.

SCHLICKER: Die gießfähige Porzellanmasse besteht aus zirka 50 Teilen Kaolin (Porzellanerde) und je 25 Teilen Feldspat und Quarz. Zusätzlich werden etwas Wasser und Verflüssigungsmittel zugegeben.

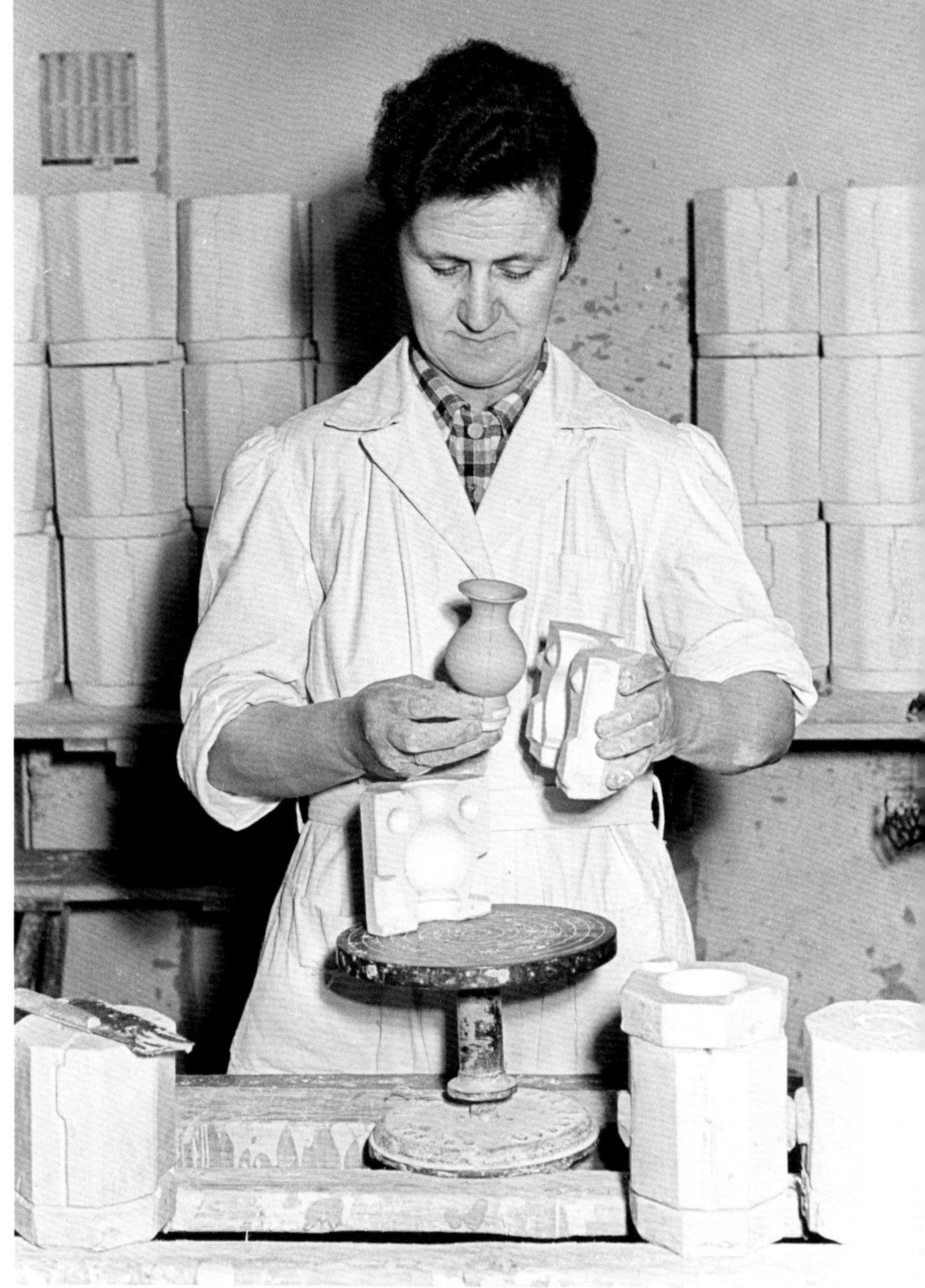

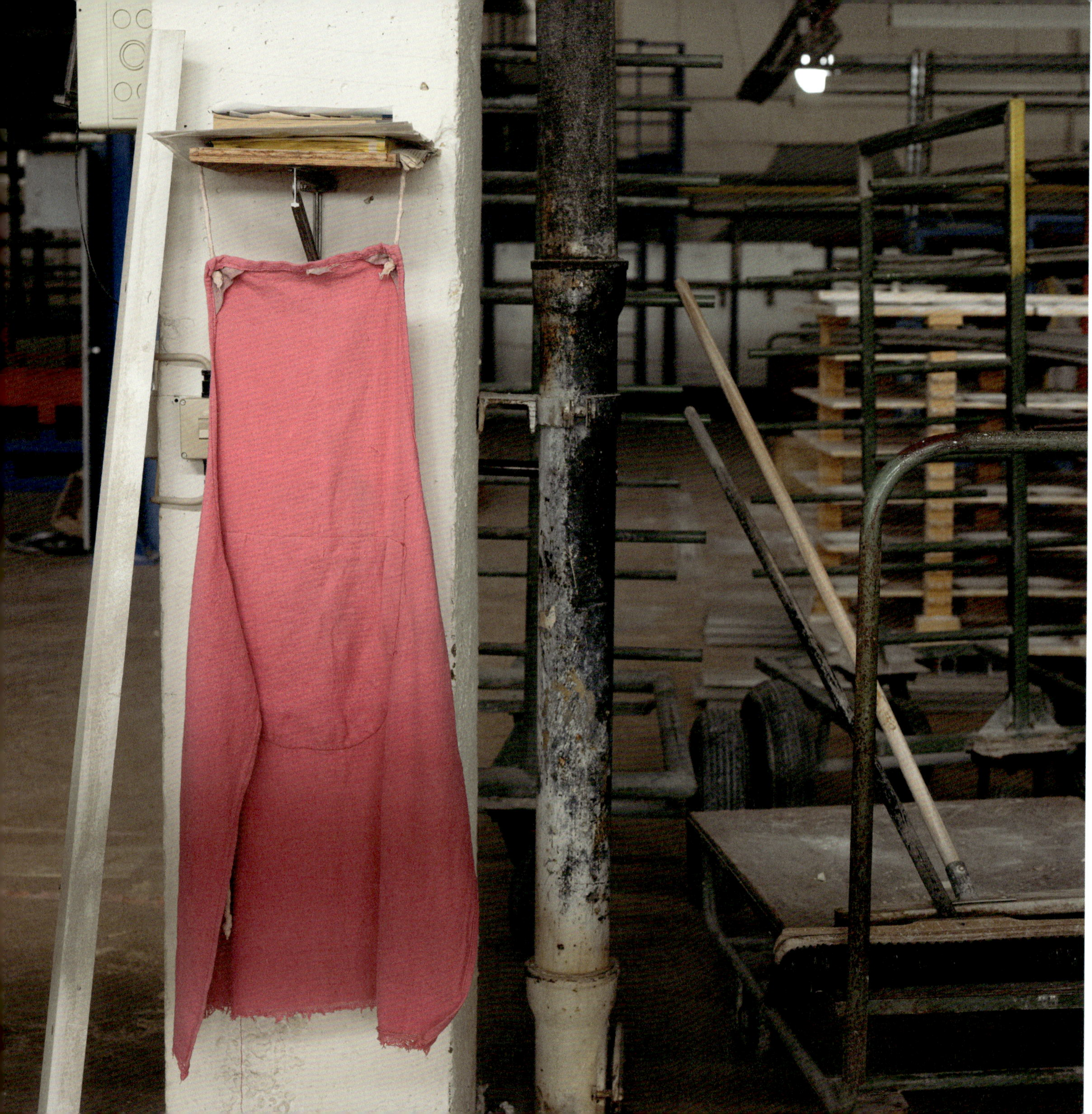

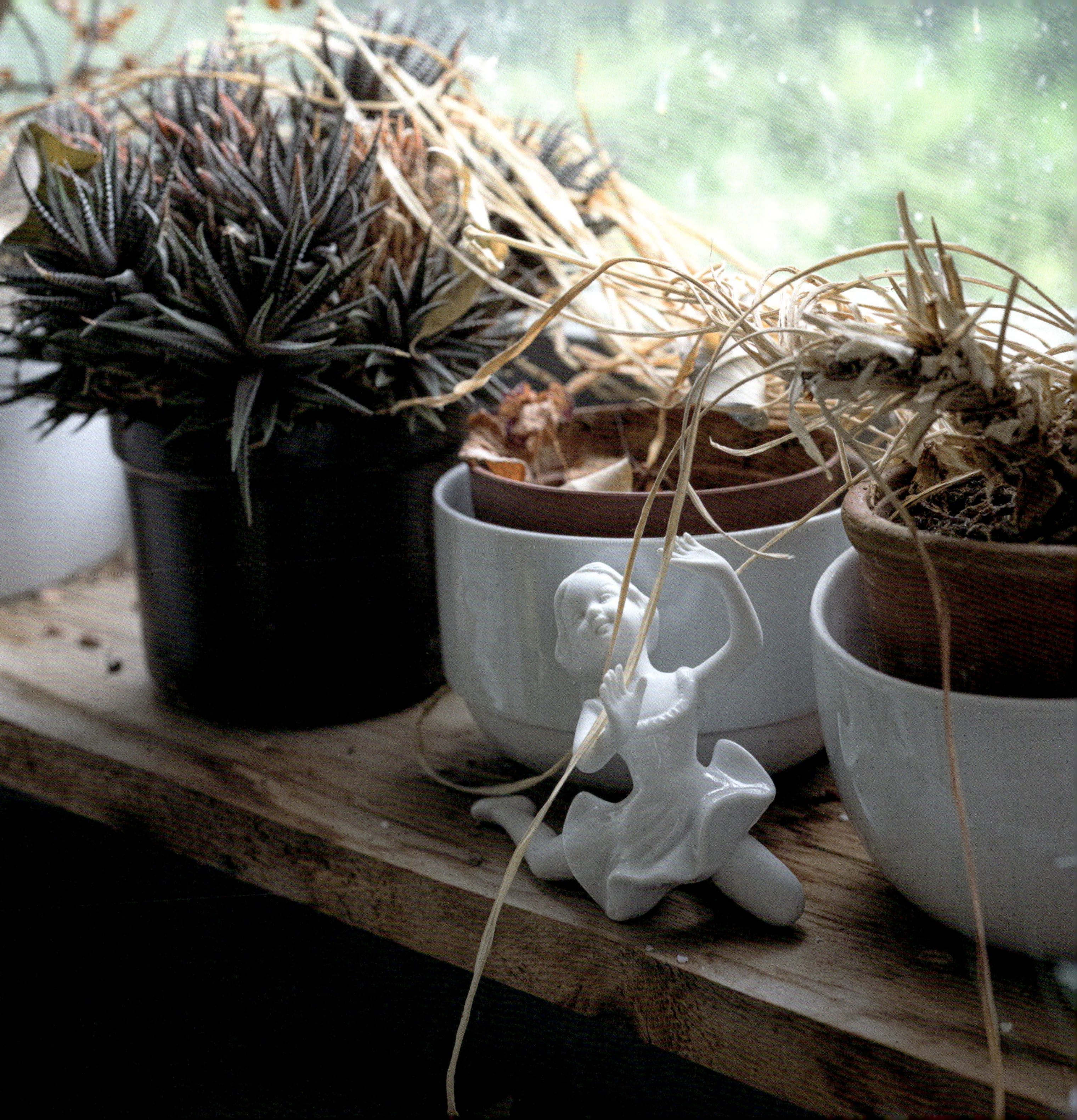

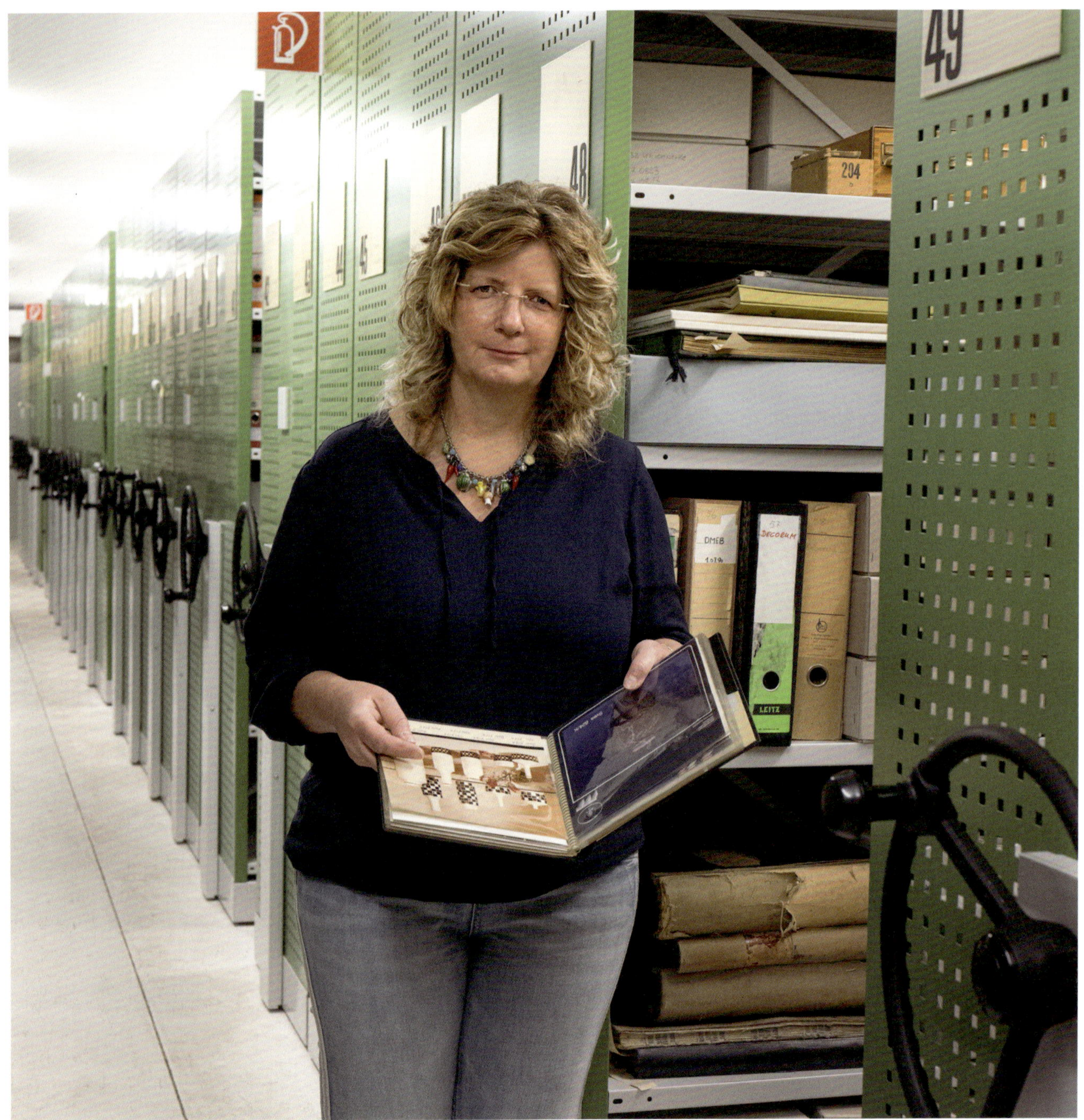
49
48
204
DMEB
DECORUM
LEITZ

KATRIN WEIß

ARCHIVE SIND DAS GEDÄCHTNIS UNSERES LANDES

Archivare arbeiten viel im Verborgenen und die meisten Leute glauben, in einem Archiv würden nur alte Bücher aufbewahrt. Oder wir würden hier in grauen Kitteln, mit Ärmelschonern in verstaubten Räumen herumlaufen und Akten sortieren. Kaum jemand macht sich Gedanken darüber, was ein Archiv ist oder tut, weil es im Leben der wenigsten Menschen eine Rolle spielt. Im Normalfall kommen die Bürger nur zu uns, wenn sie etwas brauchen. Seien es Bestätigungen zur Überprüfung der Rentenansprüche, Bauunterlagen oder zur Klärung von Grundstückseigentum, Hilfe bei der Suche nach Angehörigen oder wenn eine Chronik erstellt werden soll. Und selbst dann sehen sie vom gesamten Archiv nur den Lesesaal.

Wir legen mit unserer Arbeit nichts Geringeres als den Grundstein für die Geschichtsschreibung und künftige Geschichtsforschung. Nur was wir heute sichern und in die Archive holen, bleibt für die Ewigkeit erhalten und kann später erforscht werden. Wir sind, wenn man so will, das Gedächtnis des Landes.

Auf den Archivaren lastet somit eine ungeheure Verantwortung, denn unsere Akten sind Unikate. Das beste Beispiel sind jetzt die Akten und Fotos von Weimar Porzellan in Blankenhain. Hätten wir vor zwei Jahren, als die Insolvenz bekannt wurde, nicht sofort reagiert und die Möglichkeit bekommen, die Unterlagen zu sichern, wären sie jetzt unwiederbringlich verloren. Das Archiv des Unternehmens wäre vernichtet worden, doch jetzt liegen hier bei uns große Schätze, etwa die wunderschönen Dekorbögen aus den 1930er-Jahren, per Hand gezeichnete Vorlagen für Dekormaler, Katalogfotos aus allen Dekaden, Brigadebücher und Fotografien.

Während meiner Lehrzeit bin ich erstmals mit Wirtschaftsakten in Berührung gekommen. 1982 habe ich meine Ausbildung zum Archivassistent im Staatsarchiv Weimar begonnen. Eine Nachbarin von uns war dort Archivarin und es gab nur Platz für zwei Lehrlinge. Ich wurde kurzerhand einer davon, obwohl ich zu dem Zeitpunkt keine Ahnung hatte, was mich in dem Beruf erwartet. Während meines anschließenden Studiums an der Fachschule für Archivwesen Potsdam haben mich die Akten, Akteninhalte und die Geschichte der Betriebe und der Wirtschaft immer am meisten fasziniert. Im Vergleich zu früher hat sich der Beruf des Archivars in den letzten Jahren stark gewandelt. Er ist vielseitiger geworden und es gibt mehr Möglichkeiten, in verschiedenen Gremien mitzuarbeiten. Das Interesse seitens der Medien ist ebenfalls stärker geworden, wir werden häufiger nach Dokumenten oder Fotografien zu bestimmten Themen gefragt.

Letzten Endes ermöglichen wir mit unserer Tätigkeit anderen, ihre Arbeit zu tun. Das mag nicht immer honoriert werden, aber für uns Archivare ist es schon schön, wenn wir einen For-

KATRIN WEIß

»AKTEN BEKOMMEN DANN EINEN WERT, WENN WIR SIE VERWAHREN WOLLEN.«

Als Archivarin sorgt Katrin Weiß, Jahrgang 1966, dafür, dass die Wirtschaftsgeschichte des Landes Thüringen nicht in Vergessenheit gerät. Seit 1987 ist sie im Staatsarchiv Weimar tätig, organisiert Ausstellungen und Veranstaltungen.

scher oder Historiker bei seinem Vorhaben unterstützen und gezielt Hinweise auf Unterlagen geben können. Mich erfüllt es auch mit Stolz, wenn wir zum Beispiel dem MDR bei der Recherche zu einer Fernsehsendung helfen konnten und dann im Abspann erwähnt werden. Die Staats-, Kreis- und Stadtarchive machen heute stärker auf sich aufmerksam als zu meiner Anfangszeit. Es gibt Veranstaltungen wie den ›Tag der offenen Archive‹ oder die ›Lange Nacht der Museen‹, an denen wir uns in Weimar beteiligen und ein umfangreiches Besuchs- und Führungsprogramm erarbeiten. Wenn die Gäste dann kommen, sind sie erstaunt, was wir hier alles tun und wie es hinter den Archivmauern aussieht.

Hin und wieder kuratieren wir Ausstellungen, mitunter auch zu unschönen Kapiteln der Geschichte, denn gerade die darf man nicht verschweigen. Als im Jahr 2000 die Stiftung ›Erinnerung, Verantwortung, Zukunft‹ gegründet wurde, haben wir eine Wanderausstellung mit Dokumenten zu Zwangsarbeit in Thüringen erstellt. Daran haben die anderen Staatsarchive ebenfalls mitgewirkt. Die Ausstellung wurde an mehreren Orten in Thüringen gezeigt und das jeweilige Archiv hat die Präsentationstafeln mit Dokumenten aus dem eigenen Haus ergänzt. Für mich war die Beschäftigung mit dieser Thematik sehr schmerzlich. Gerade am Anfang, als die ersten Anfragen bezüglich des Nachweises der Zwangsarbeit in unserem Archiv eingingen, waren oft handgeschriebene und sehr persönliche Briefe dabei, manche legten sogar Fotos aus dieser Zeit dazu. Das ging mir sehr nahe und es hat mich bestärkt, das Grauen des Nationalsozialismus nicht in Vergessenheit geraten zu lassen. Dafür mache ich beispielsweise Führungen, die sich mit der Gestapo befassen. Die politische Polizeieinheit hatte ab 1936 ihren Sitz in einem Flügel des weitläufigen Marstallgebäudes, wo auch meine Kollegen und ich mit unserem Bereich des Landesarchivs Thüringen – Hauptstaatsarchiv Weimar untergebracht sind. In den einstigen Gefängniszellen im Keller gibt es heute eine eigene Ausstellung dazu.

Was mich und all meine Kollegen in unserem beruflichen Alltag jedoch am meisten belastet, ist der Mangel an Zeit. Es gibt einfach viel zu viel Material, das in den Archiven schlummert und darauf wartet, zugänglich gemacht zu werden. Unser Auftrag besteht ja nicht nur darin, Akten zu lagern, sondern sie aufzubereiten, damit die Öffentlichkeit sie einsehen und nutzen kann. Die Katalogisierung und Digitalisierung von Akten sind enorm aufwendig. Es ist leider nicht damit getan, das Dokument einfach nur auf den Scanner zu legen. Die Erschließung von Akten orientiert sich oft an anstehenden Jubiläen historischer Ereignisse und wir versuchen so, dem Anspruch unserer Interessenten und der Öffentlichkeit als Archivare gerecht zu werden.

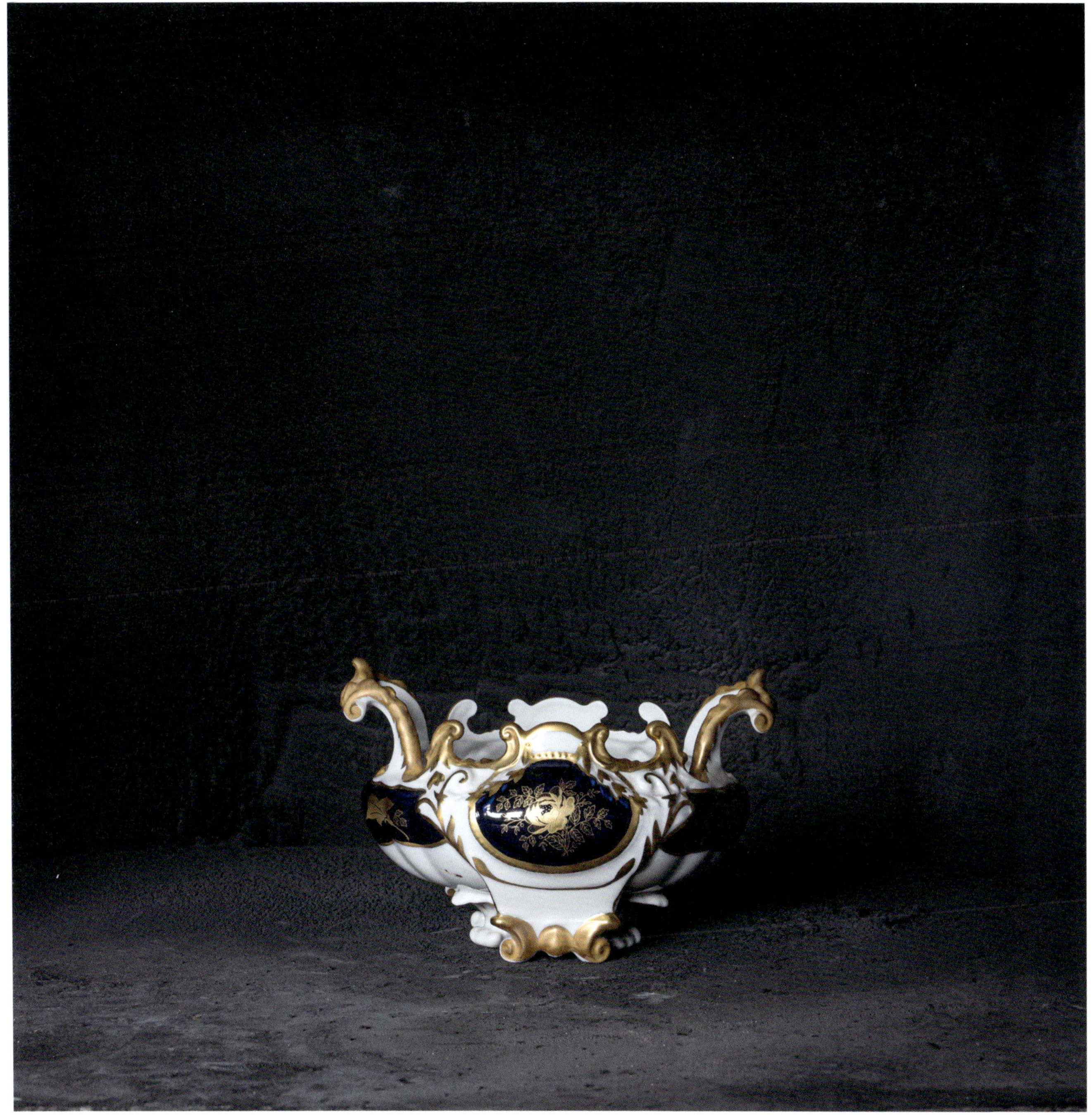

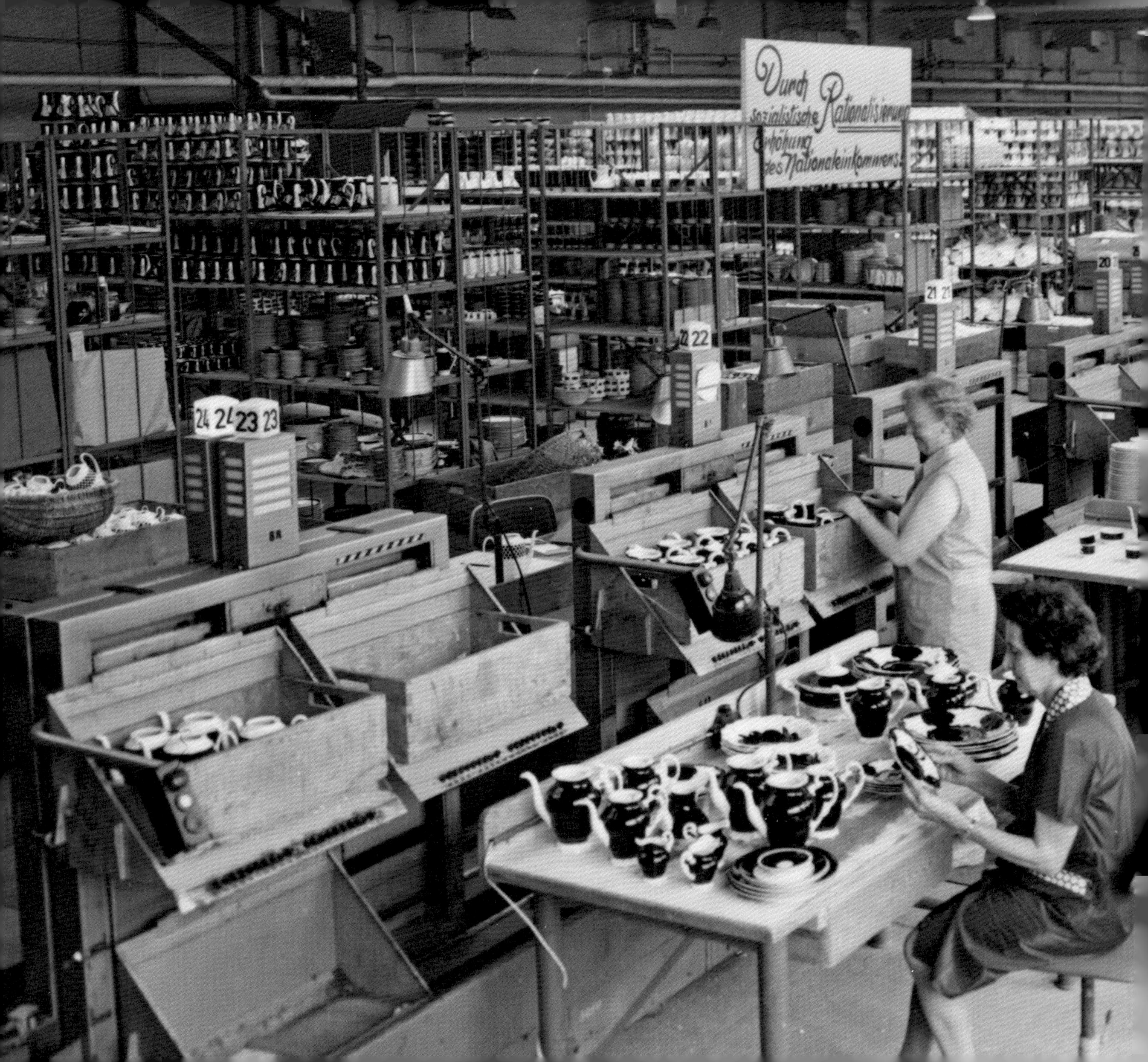
Durch
sozialistische Rationalisierun
Erhöhung
des Nationaleinkommens!
24 24 23 23
22 22
21 21
20

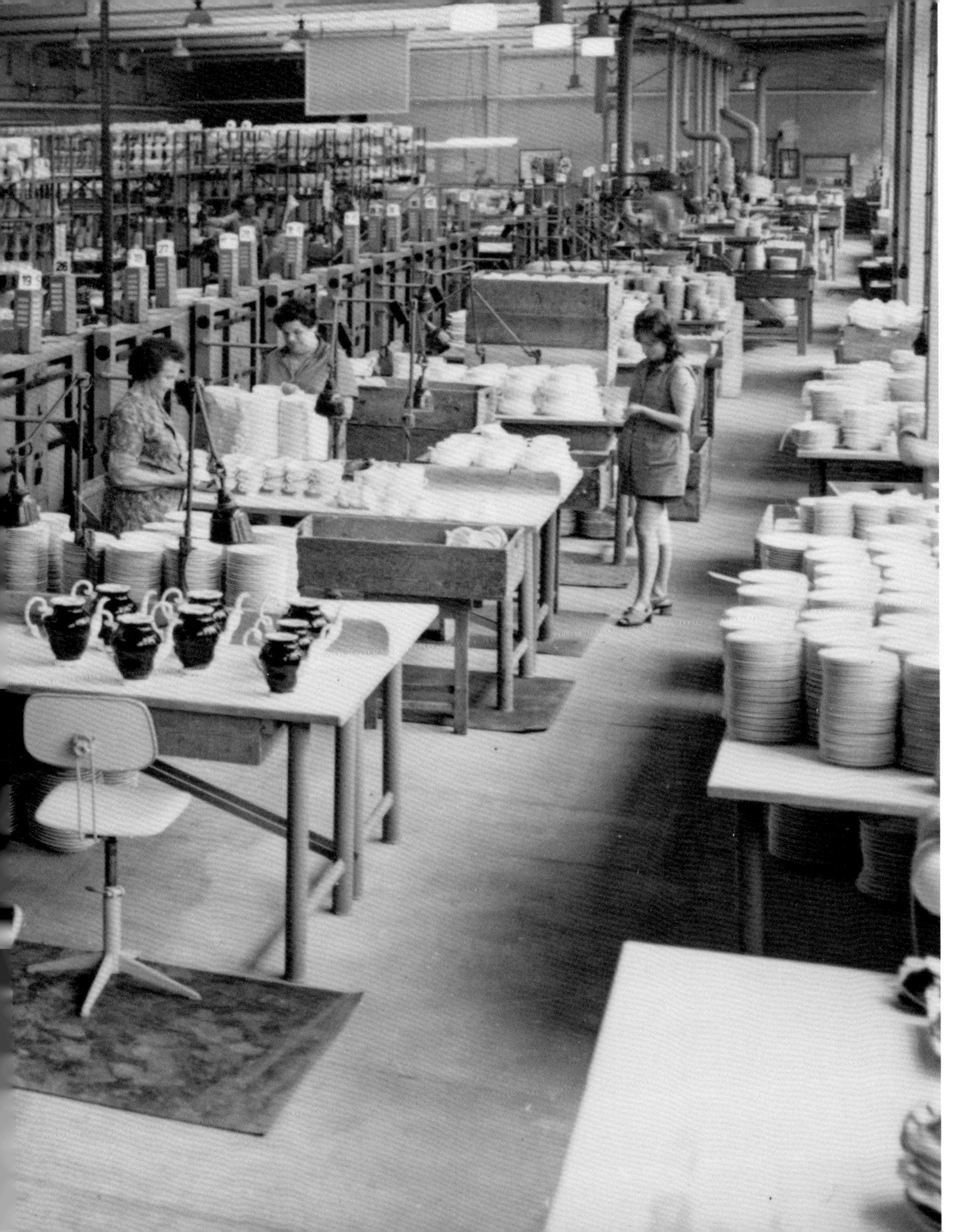

WARENPRÜFUNG

Sowohl die Weißware als auch das Kobalt-Porzellan wurden nach dem Brand auf Fehler untersucht. Ein spezielles Transportband half ab 1966 dabei, die Arbeitsplätze rationell miteinander zu verbinden.

Im Bildvordergrund ist das für Weimar Porzellan erfolgreichste Service ›Katharina‹ zu sehen. Schon bei dessen Einführung 1936 warb man mit dem jahrzehntelangen Nachkauf: »Ein Seriengeschirr, das immer Freude macht!«[5]

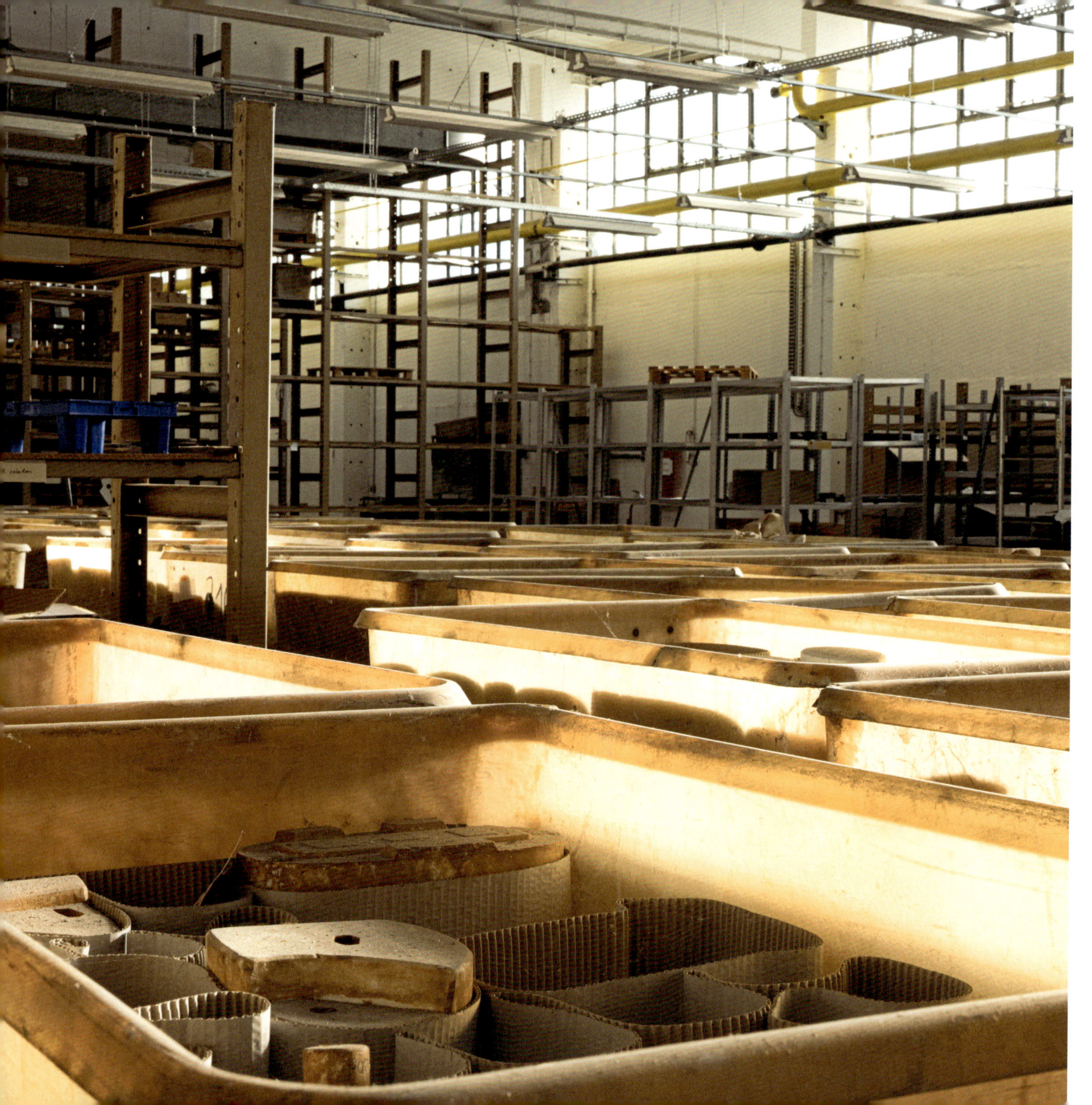

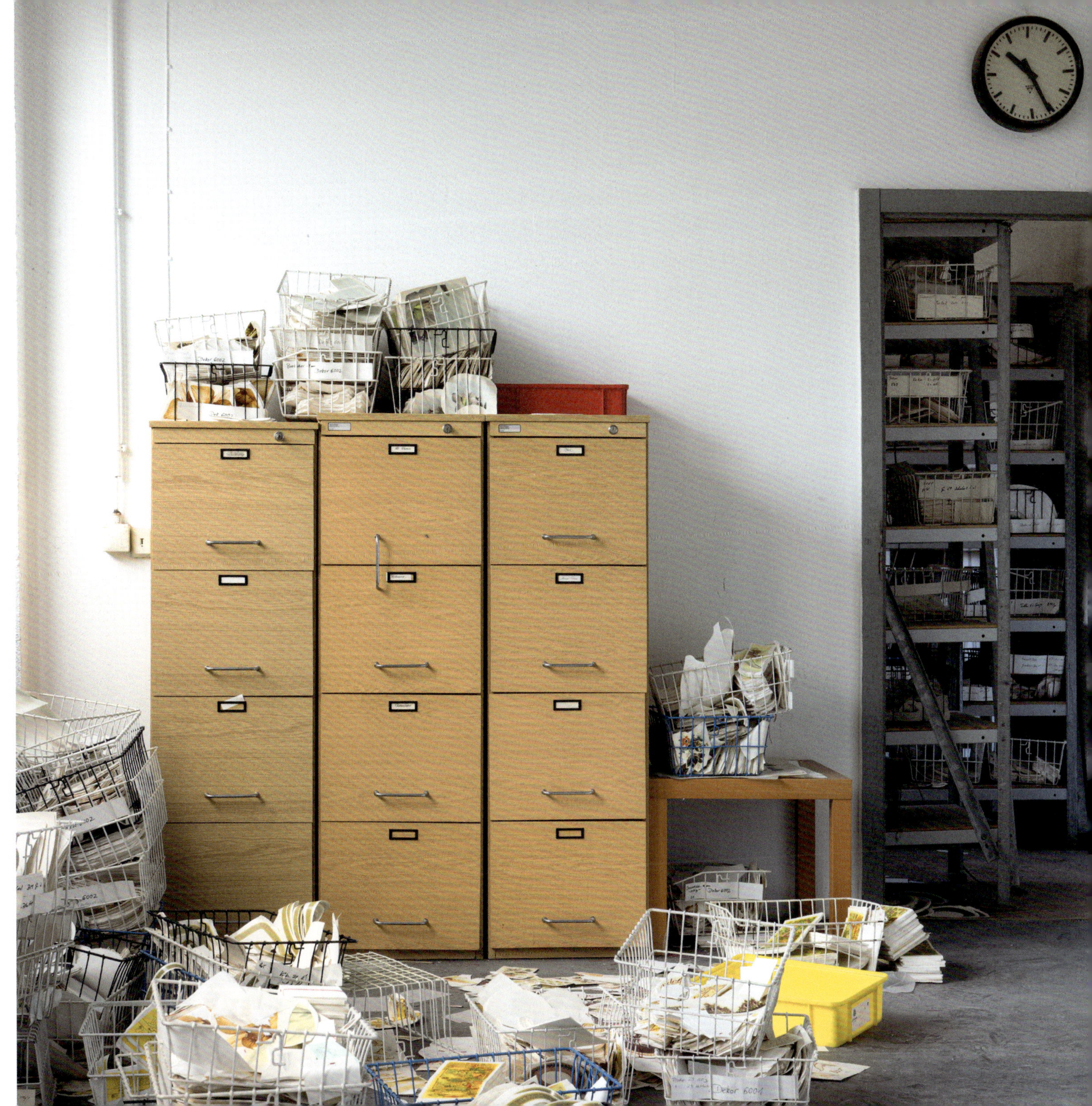

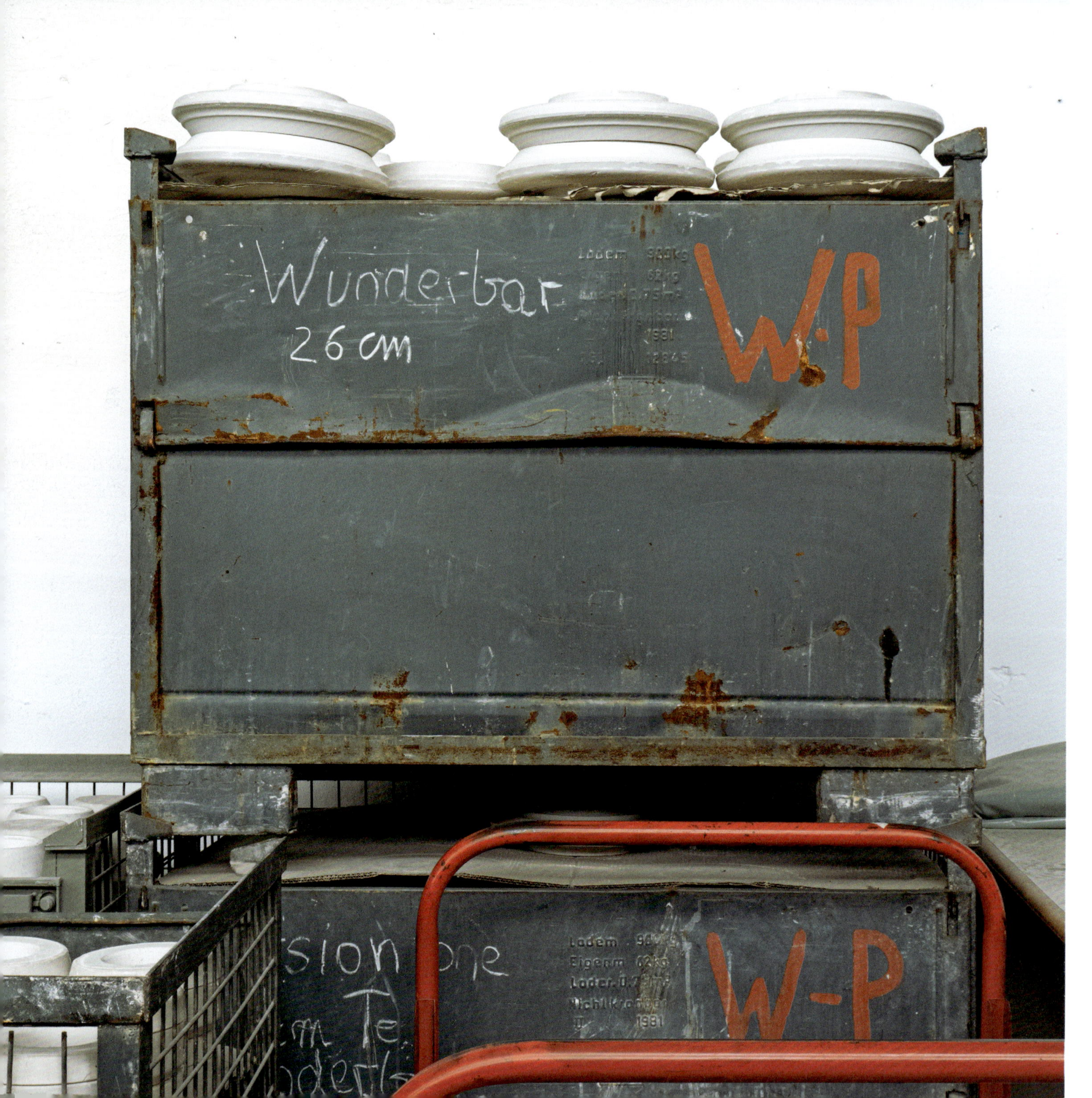
Wunderbar
26 cm
W·P
W-P

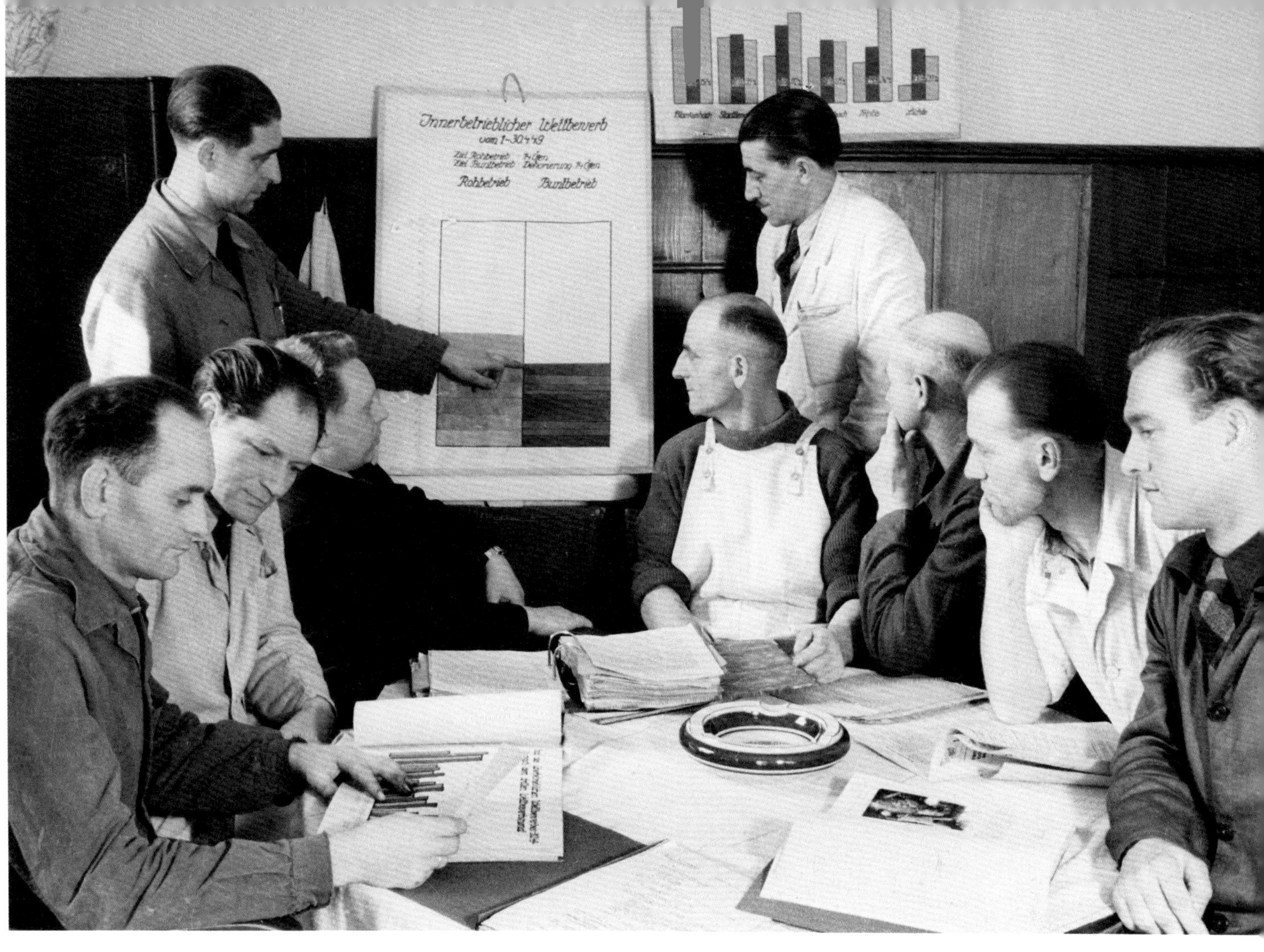

ERFÜLLUNG DES PLANS

*Die ambitioniert gesteckten Ziele der Planerfüllung betrafen vor allem den Ausbau des Exports, die Qualitätsarbeit, Kostensenkungen und die Ersparnis von Energie sowie Brenn- und Rohstoffen. Anfang der 1950er-Jahre verpflichteten sich die Mitarbeiter*innen von Weimar Porzellan zur vorfristigen Erfüllung der jährlichen Pläne und es gingen rund 500 Verbesserungsvorschläge bei der Betriebsleitung ein.*

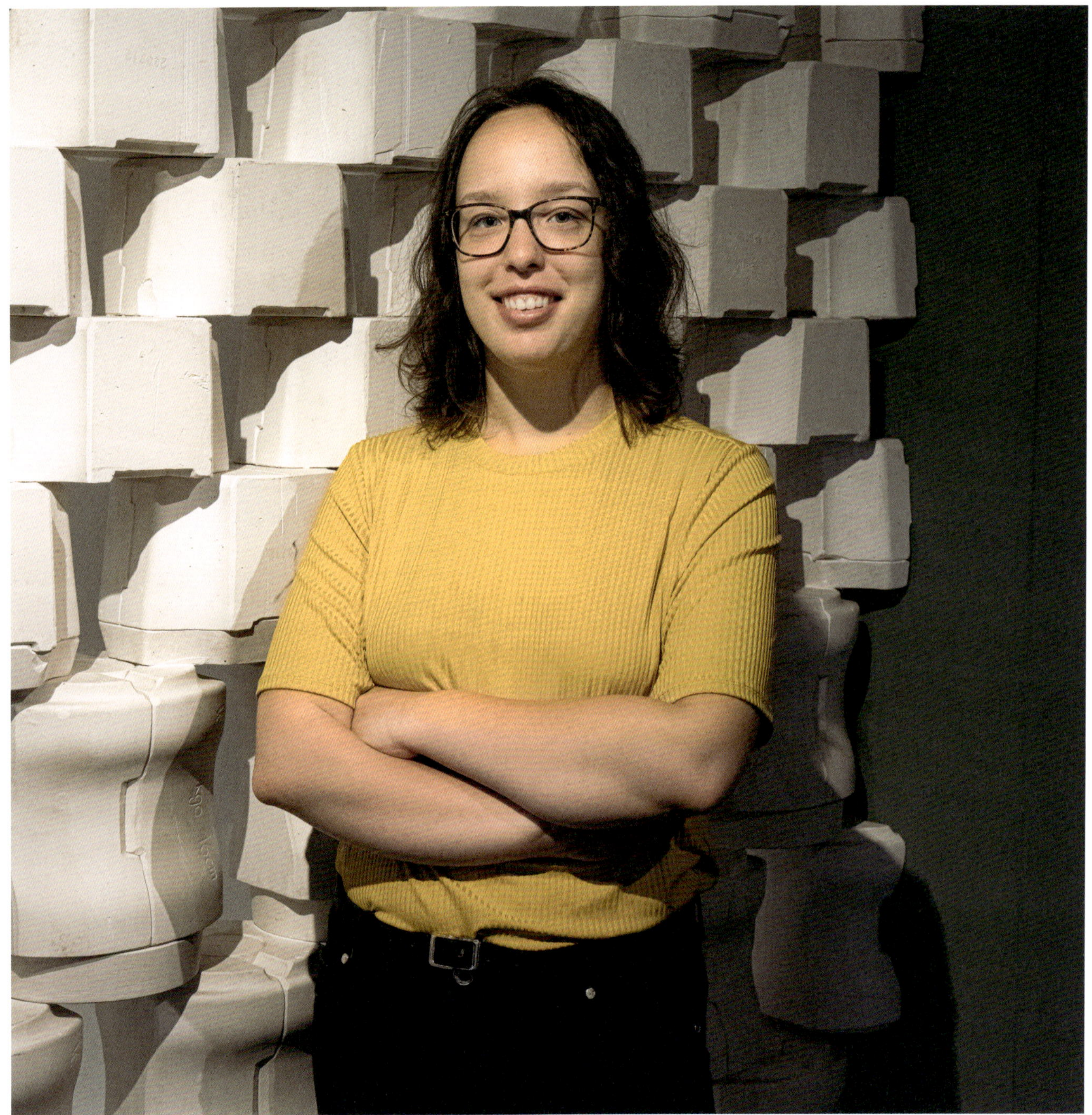

MARIA BERGER

ICH MÖCHTE DAFÜR SORGEN, DASS MEIN BERUF NICHT AUSSTIRBT

Dass ich 2016 meine Ausbildung in Blankenhain begonnen habe, war eine Zufallsentscheidung. Ich bin kein Schreibtischmensch und wollte auf jeden Fall mit meinen Händen arbeiten. Anfangs dachte ich an Anstreicherin und habe nach Malerbetrieben gesucht – so bin ich auf den Beruf der Porzellanmalerin und Weimar Porzellan gestoßen.

Zu Beginn hatte ich die Möglichkeit, erst einmal alle Stationen in diesem Traditionsunternehmen kennenzulernen. Dabei stellte sich heraus, dass mein dreidimensionales Vorstellungsvermögen stärker ausgeprägt war als mein Zeichentalent. Ich konnte in die Modelltechnik wechseln und war ehrlich gesagt froh darüber, denn das lag mir viel mehr. Gewöhnungsbedürftig war hingegen, dass ich in der Produktion die einzige Frau unter lauter Männern war. Ich kam ja direkt von der Schule, da war das keine einfache Situation. Ich musste erst einmal lernen, mich zu behaupten und durchzusetzen. Doch so ist und war das immer schon in den meisten Handwerksberufen.

Die zwei Jahre, die ich bei Weimar Porzellan gelernt habe, waren ein Wechselbad der Gefühle – so kann man das wirklich sagen. Es gab Zeiten, da lief es super, es gab interessante Dinge zu tun und ich hatte richtig Spaß bei der Arbeit. Dann gab es Phasen, in denen ich mich in der Modellstube unterfordert gefühlt habe und auf mich allein gestellt war. Insbesondere an solchen Tagen fand ich den intensiven Kontakt mit Kollegen aus anderen Abteilungen schön. Ich habe viele ganz unterschiedliche Lebensläufe kennengelernt und die Geschichten aus teilweise über 30 Jahren Berufserfahrung waren sehr bereichernd.

Während meines zweiten Lehrjahres, als das Insolvenzverfahren begann, habe ich mich sofort nach einem anderen Ausbildungsplatz umgehört. Bereits im September 2018, mit Beginn des dritten Ausbildungsjahres und ein halbes Jahr bevor das Werk geschlossen wurde, bin ich aus Blankenhain weg. Ich konnte erfreulicherweise nach Triptis zu Eschenbach Porzellan wechseln, wo ich dann auch meinen Abschluss gemacht habe. Aktuell arbeite ich in Rudolstadt bei der Aeltesten Porzellanmanufaktur Volkstedt und habe in meiner kurzen Laufbahn somit bereits drei Betriebe kennengelernt – wenn auch nicht ganz freiwillig.

Ich bereue es aber überhaupt nicht, den Beruf der Modelltechnikerin erlernt und mich für die Porzellanindustrie entschieden zu haben. Für mich gibt es nichts Schöneres, als die Hände in den Gips zu stecken, das Material zwischen meinen Fingern zu spüren und daraus etwas zu gestalten. Als Modelltechnikerin stelle ich die Arbeitsformen her, mit denen meine Kollegen im Anschluss einen bestimmten Artikel produzieren, sei es ein Teller oder ein Becher, eine Kanne oder eine Porzellanfigur. Der Weg bis dahin ist jedes Mal aufregend: Von der Skizze,

MARIA BERGER

»ICH KANN DIE QUALITÄT VON PORZELLAN NICHT NUR SEHEN, SONDERN AUCH FÜHLEN.«

Maria Berger, Jahrgang 2000, liebt Porzellan und ihren Beruf. Als eine der letzten Auszubildenden war sie von 2016–2018 bei Weimar Porzellan. Sie hofft, die Porzellantradition lebendig halten zu können.

mit der ich beginne, bis zum fertigen Gegenstand, den die Kollegen gegossen, gebrannt und fertig produziert haben – und der dann genauso aussieht, wie man es sich vorgestellt hat.

Momentan arbeite ich gerade in unserem Werksverkauf. Das ist etwas komplett anderes als in der Produktion, aber trotzdem eine wichtige Erfahrung. Ich erlebe die Käuferperspektive auf unsere Produkte, die natürlich eine ganz andere ist als die von uns Kreativen. Ich muss häufig erklären, warum ein in Handarbeit hergestellter Artikel aus Thüringen mehr kostet als einer aus Asien, der beim Discounter im Regal steht. Ich bekomme auch ein Gespür dafür, was die Leute mögen. Falls ich mich später selbstständig mache, kann mir dieser Austausch und die Auseinandersetzung mit den Kunden sicher von Nutzen sein.

Das wäre nämlich mein großer Traum: irgendwann eine eigene Werkstatt zu haben. Dort würde ich gern personalisierte Produkte herstellen, also Sonderanfertigungen und Einzelstücke für Menschen, die das Besondere suchen. Ich denke da an ausgefallene Lampenschirme oder Beistelltische, ungewöhnliche Wohnaccessoires oder gewöhnliche Designobjekte, die erst dadurch, dass sie aus Porzellan gefertigt sind, außergewöhnlich werden. Wenn man sich mal überlegt, was sich aus den drei Rohstoffen und etwas Wasser alles machen lässt und welche fantastischen Formen die Porzellanmasse annehmen kann, wenn sie gebrannt wird! Man muss auf jeden Fall weiterdenken und darf nicht stehenbleiben, sollte neue Produkte entwickeln und dabei auch mal etwas wagen. Das vermisse ich ehrlich gesagt in meiner Branche: Es wird meiner Meinung nach zu wenig nachgefragt, was die Leute heute wirklich wollen, was zu ihrem Stil passt, um sich dann zu überlegen, wie man das aus Porzellan fertigen könnte.

Noch ist es für mich aber nicht so weit. Für einen eigenen Betrieb fehlt es mir derzeit noch an Erfahrung, an der nötigen Routine und an den finanziellen Mitteln. Man braucht ja doch ein gewisses Startkapital, um die Werkstatt einzurichten: Werkzeuge, Drehscheibe, die Porzellanmasse und ein Ofen, da kommt schon was zusammen. Außerdem muss ich mich entsprechend vernetzen, etwa mit Innenarchitekten, Dekorateuren, Requisiteuren und nicht zuletzt mit Interessenten, die den Werkstoff Porzellan wertschätzen und sich mit Objekten daraus einrichten würden.

Bis es mit meinem Traum klappt, wünsche ich mir, noch lange in der Branche tätig sein zu können. Außerdem möchte ich gern meinen Ausbilderschein machen, um künftig selbst dafür zu sorgen, dass mein Beruf nicht ausstirbt, sondern für die nachfolgenden Generationen erhalten bleibt. Wer weiß, was in Zukunft alles passiert. Ich stehe ja noch am Anfang meiner beruflichen Laufbahn und hoffe einfach auf das Beste.

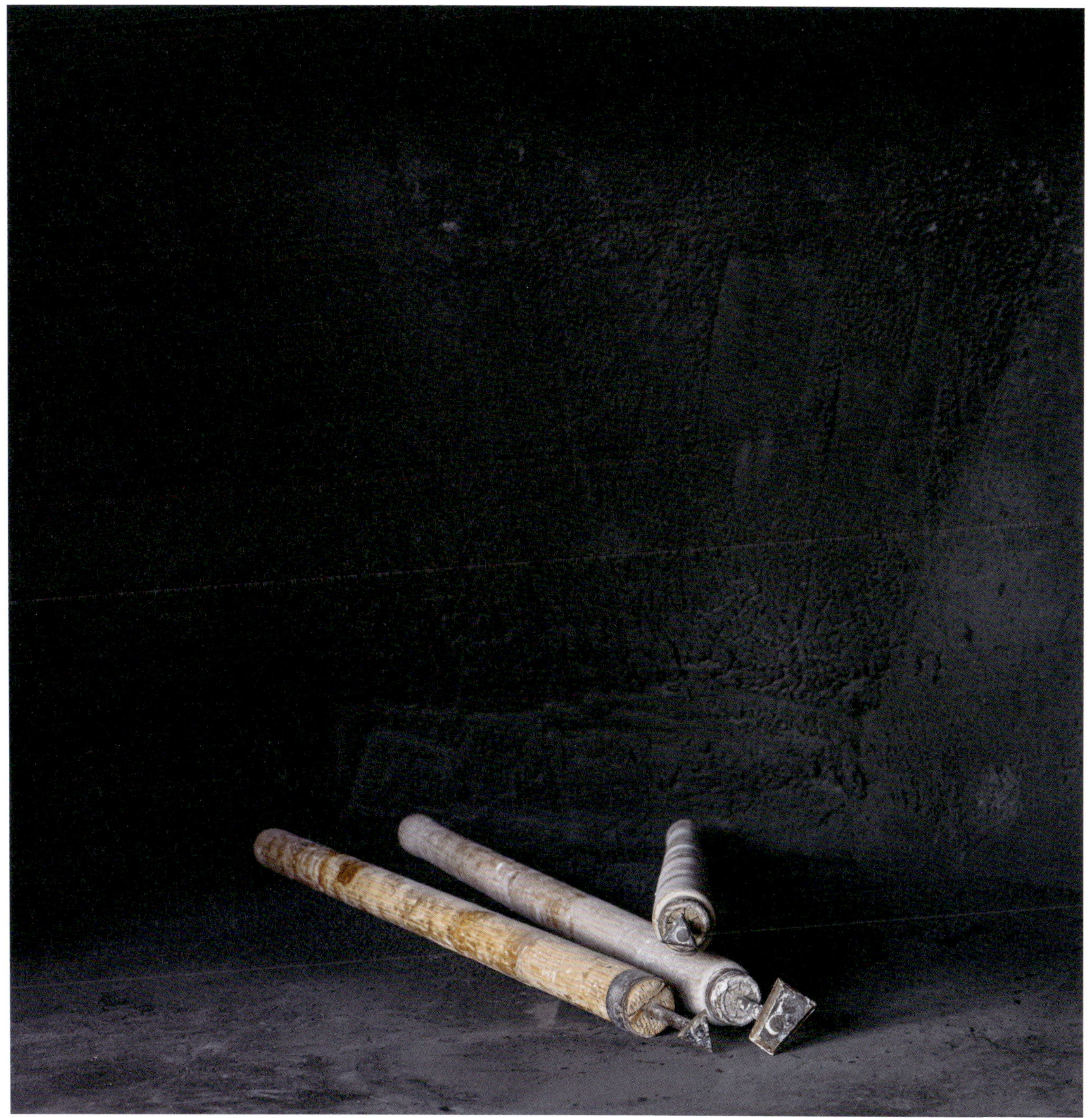

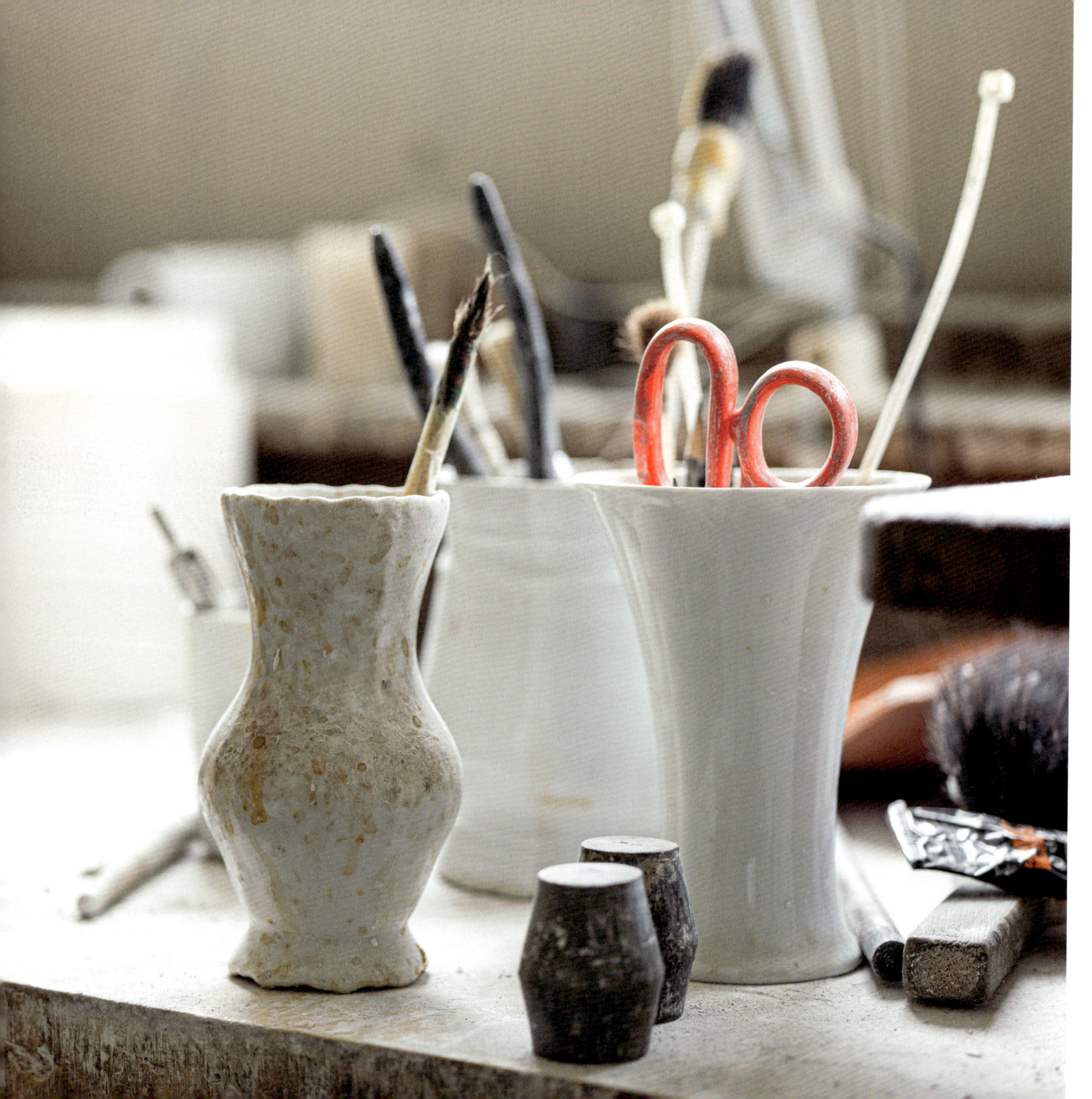

AUGENMASS

Die Modellabteilung war das Herz der Porzellanfabrik. Hier entstanden neue Formen wie beispielsweise die 1950 eingeführte Serviceform ›Petra‹. Jedes Formteil wurde erst in Originalgröße und dann als vergrößertes Modell gefertigt. Dabei galt es, Fehler und Ungenauigkeiten zu vermeiden, da diese sich sonst in die Arbeitsformen übertragen hätten.

VERGRÖSSERUNG: Während des Herstellungsprozesses schrumpft ein Porzellanstück durch Trocknung und Schwindung im Brand. Daher müssen die Gipsmodelle um rund 15 Prozent vergrößert werden.

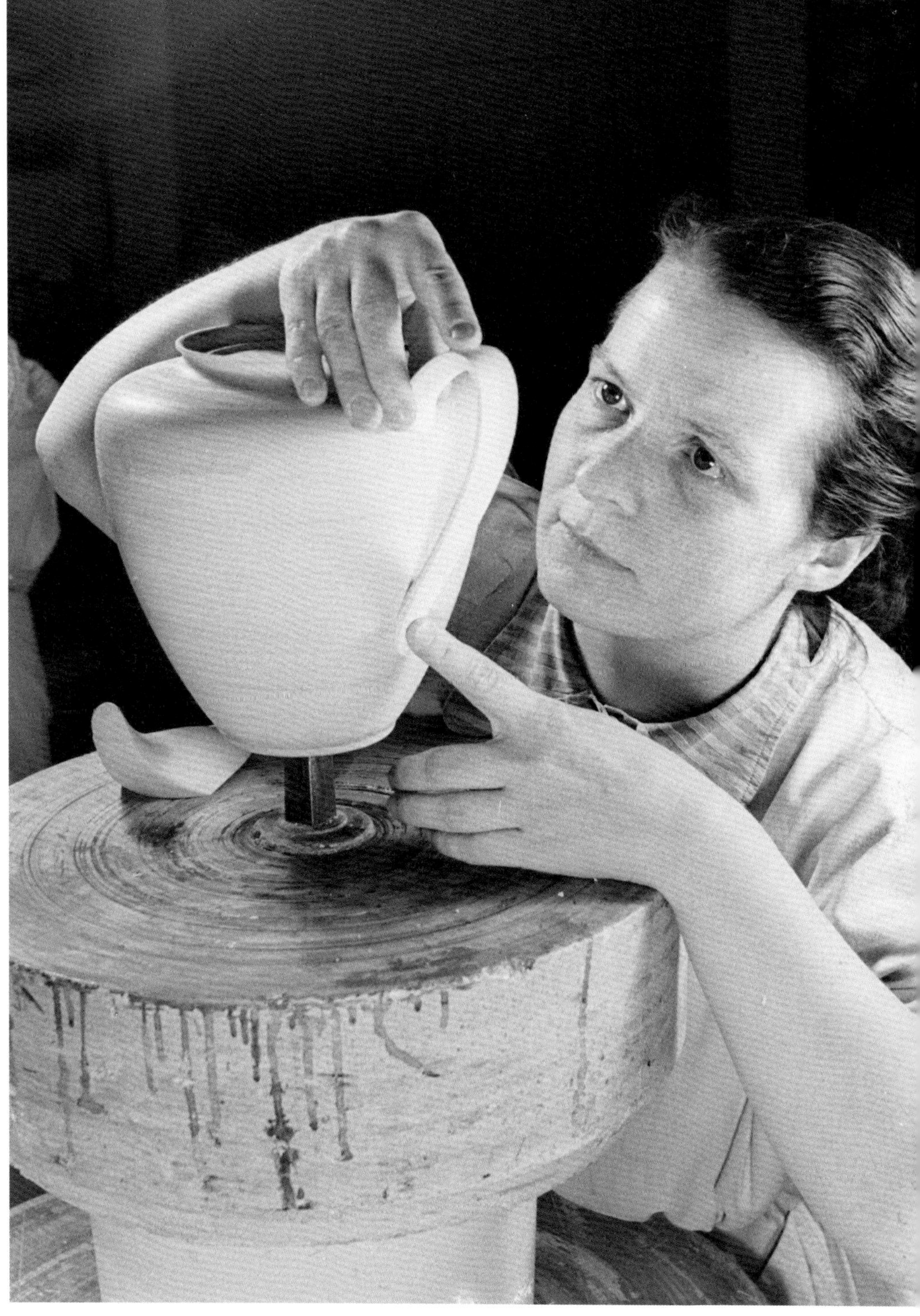

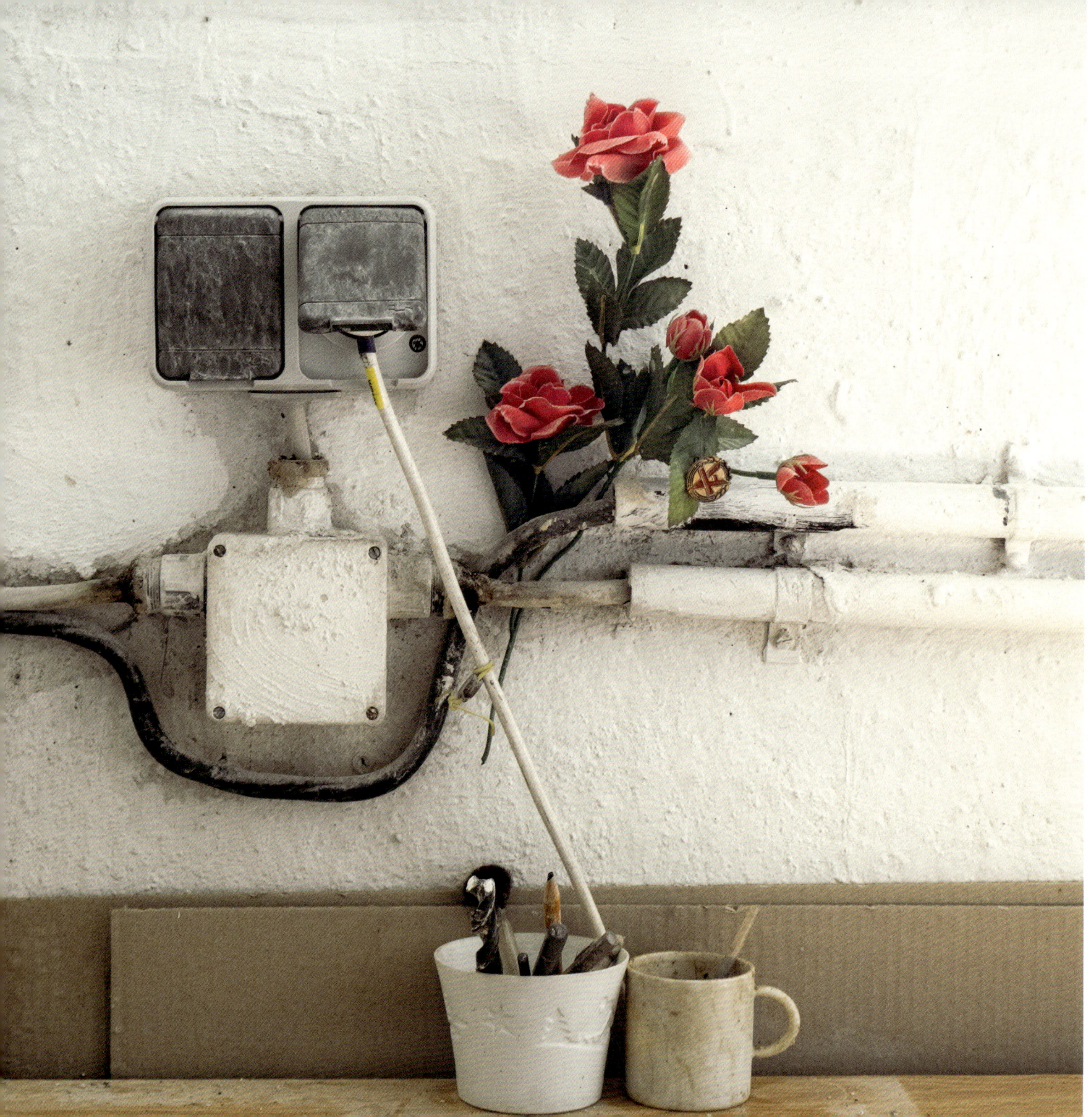

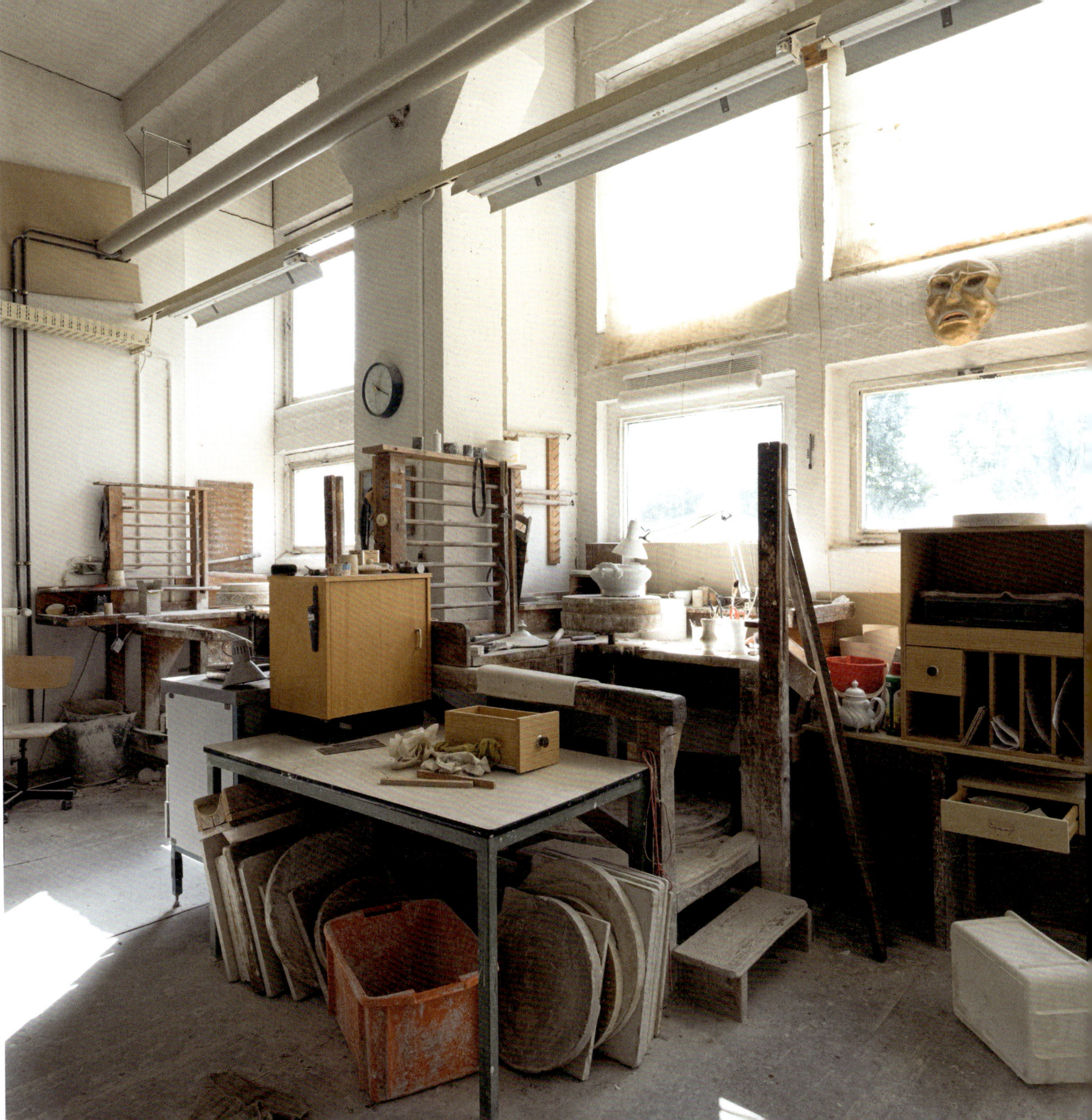

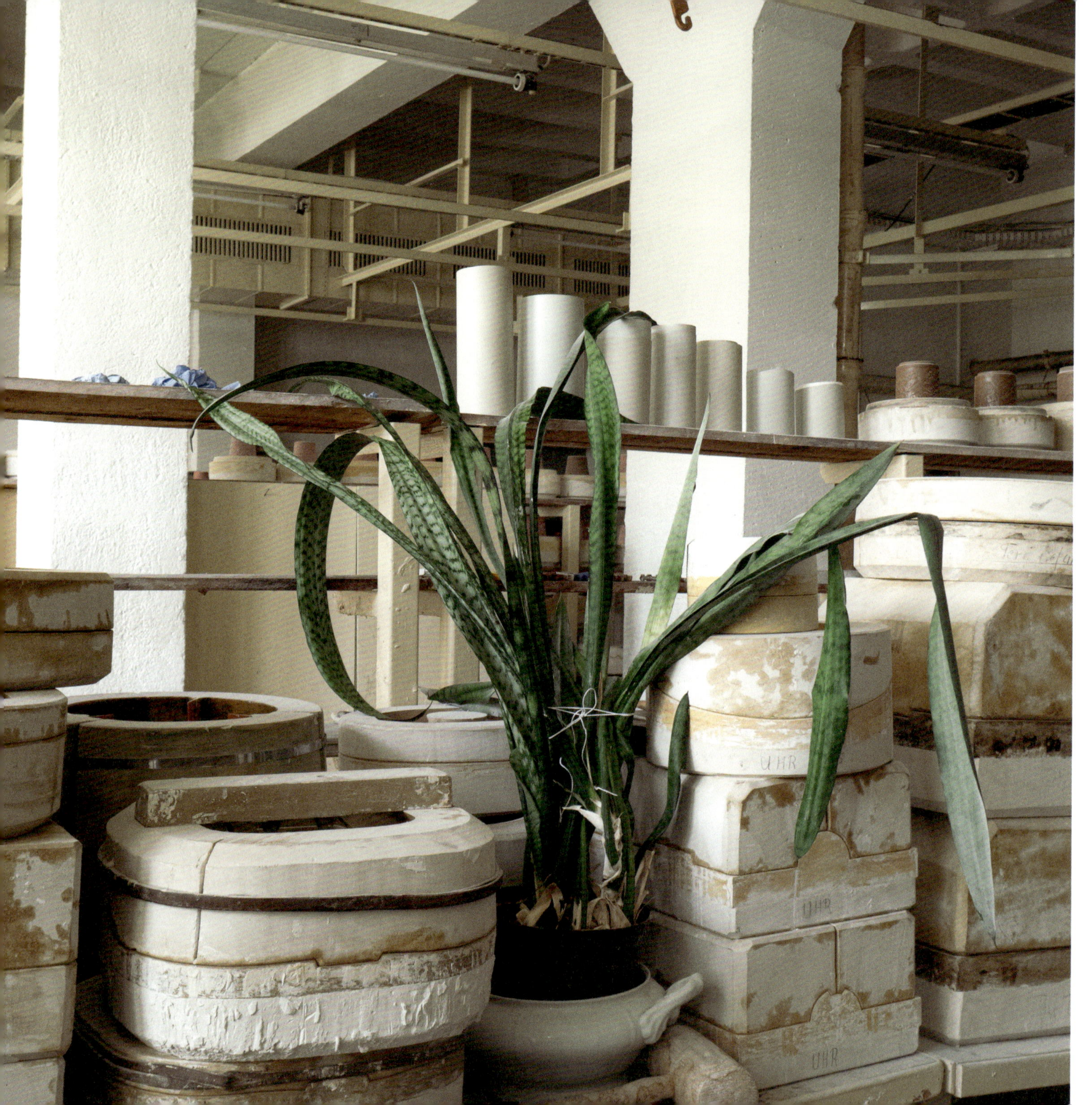
UHR
UHR
UHR

SCHLICKERGUSS

Ein Rohrleitungssystem transportierte die aufbereitete Gießmasse durch die Fabrik zu den einzelnen Arbeitsplätzen. Die beim Hohlguss anfallende Rücklaufmasse wurde dann über Gießrinnen wieder aufgefangen, aufbereitet und der Masse erneut zugeführt.

HOHLGUSS:
Die Arbeitsform aus Gips wird mit dem flüssigen Masseschlicker gefüllt. Die Form entzieht der Masse die Feuchtigkeit und es bildet sich an der Innenwandung eine festere Schicht. Der übrige Schlicker wird nach einer gewissen Standzeit ausgegossen und zurück bleibt ein Rohling, der nach der vollständigen Trocknung und einigen ergänzenden Arbeitsschritten im Glühbrand bei rund 900 Grad das erste Mal gebrannt wird.

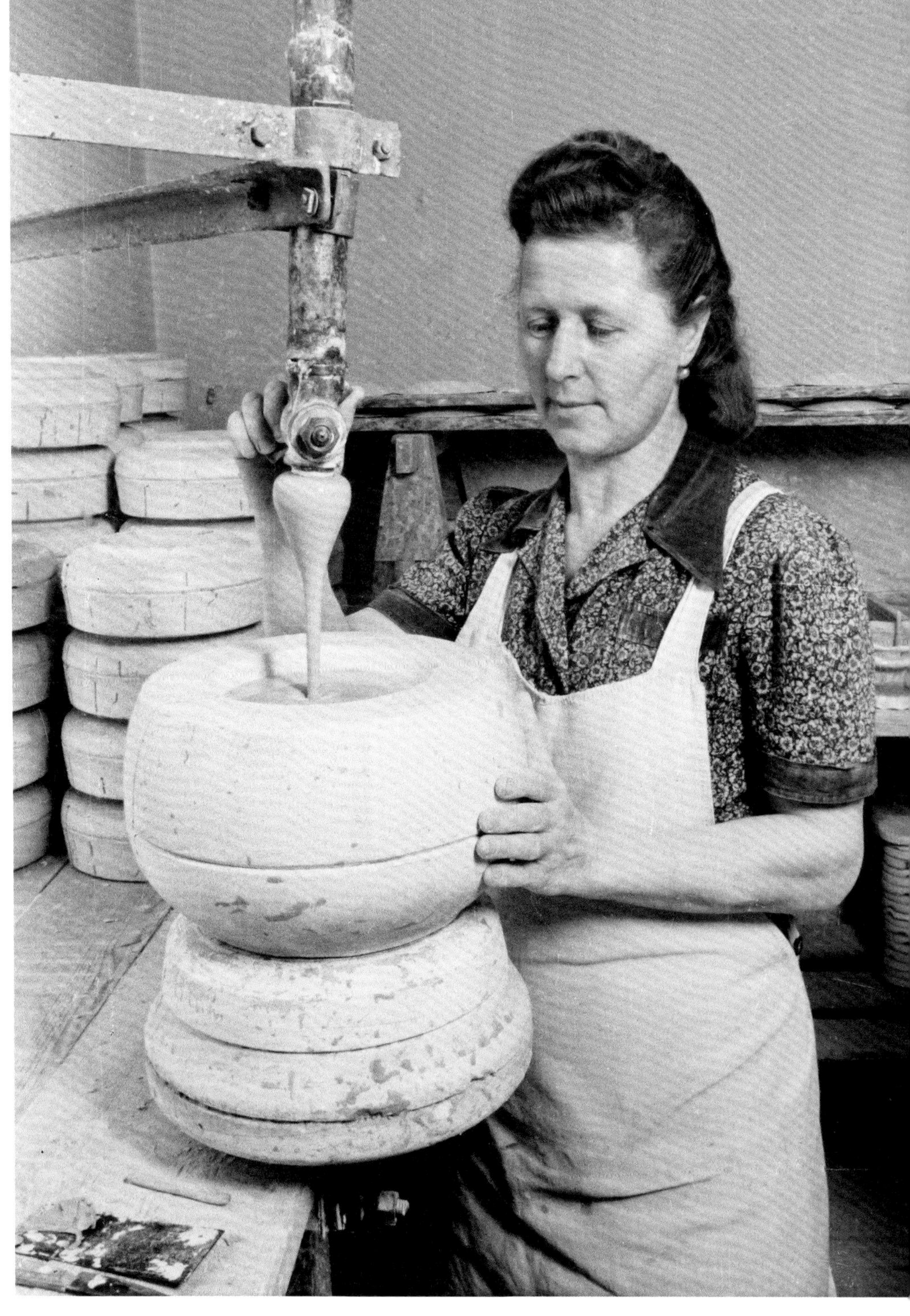

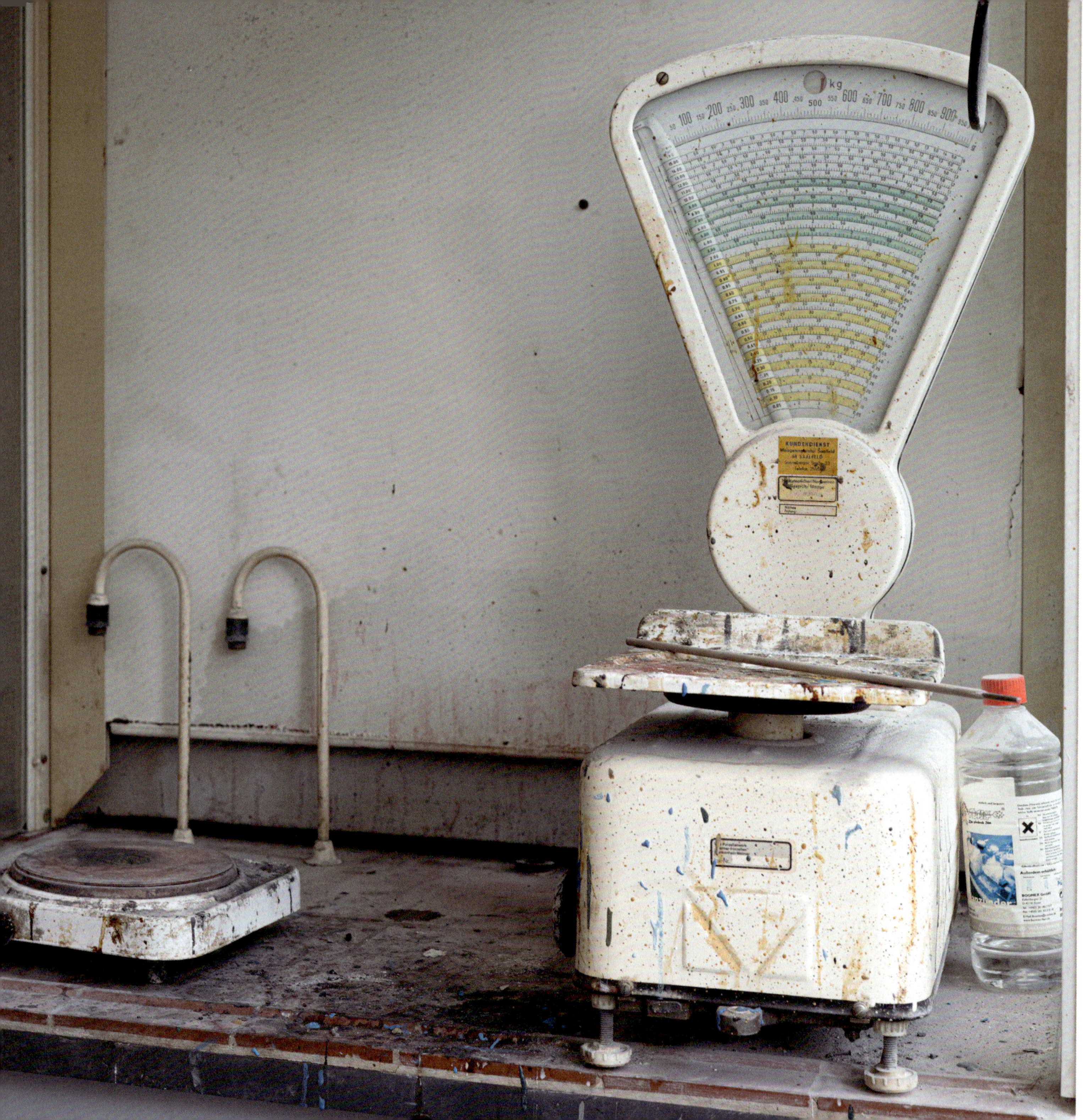
kg
100 200 300 400 500 600 700 800 900
KUNDENDIENST
SAALFELD

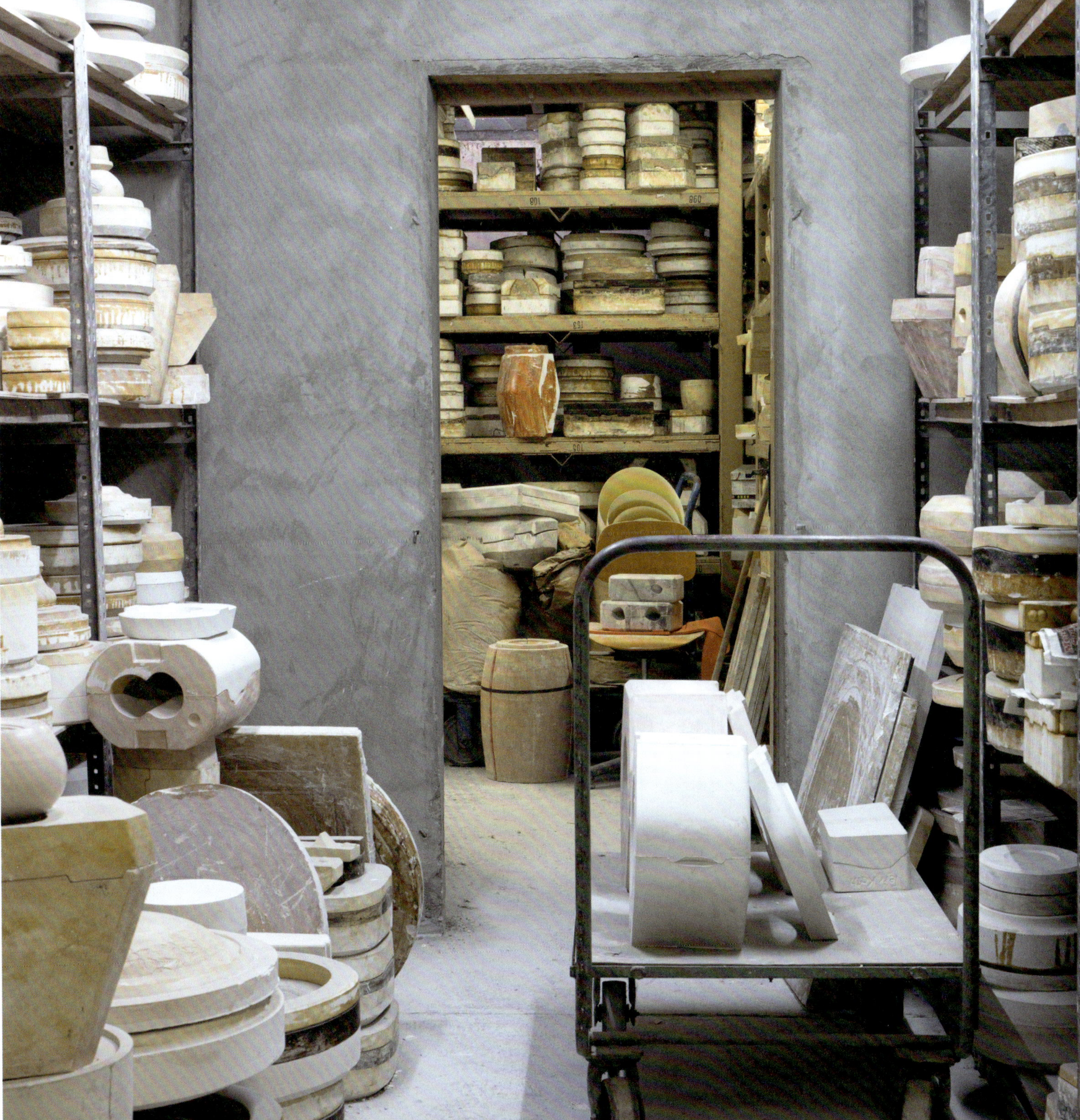

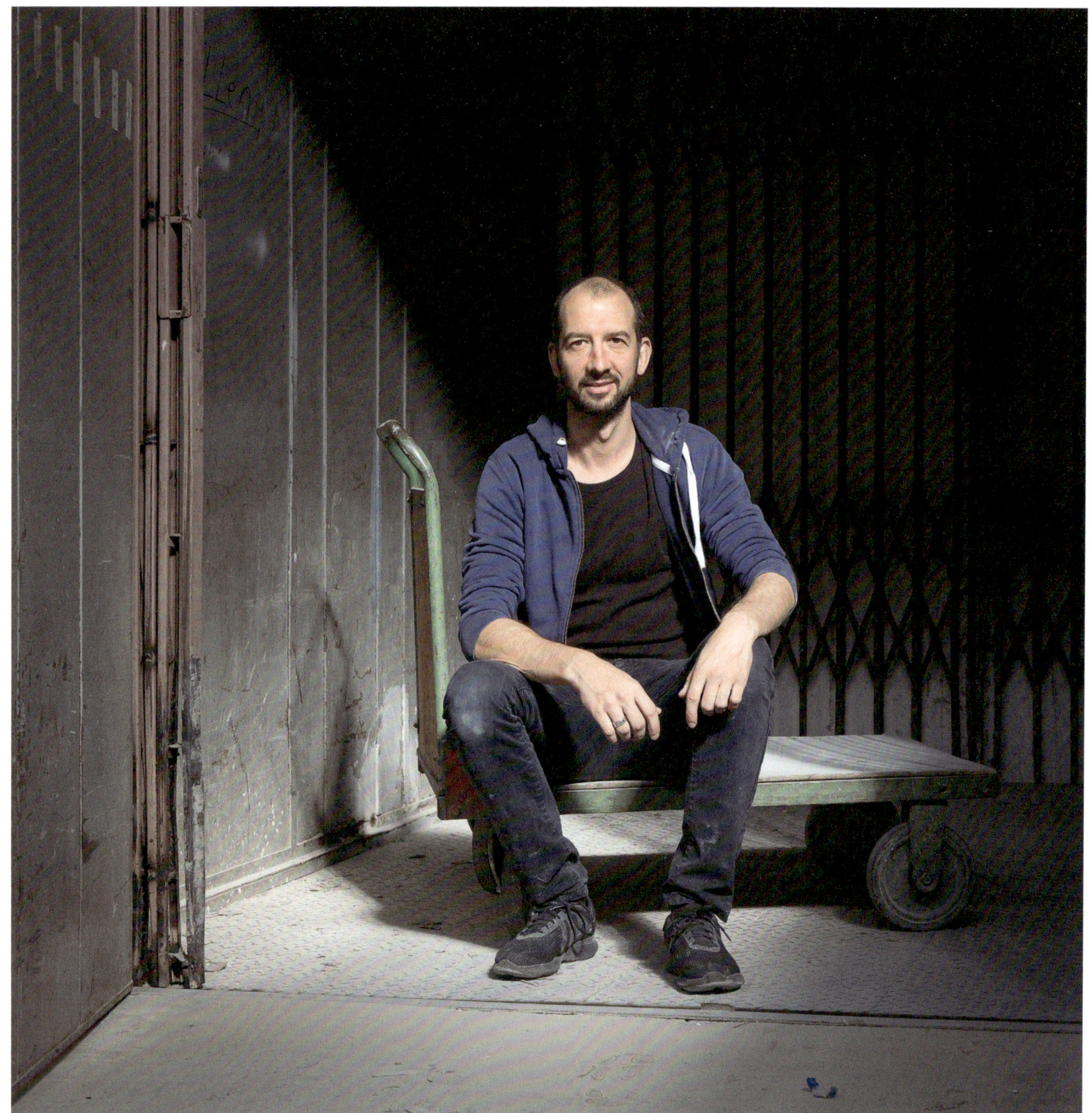

MARK POHL

EIN PAAR VASEN WENIGSTENS WOLLTEN WIR RETTEN

Man muss die Dinge auf sich zukommen lassen, denn die schönsten von ihnen passieren von selbst. Die Begegnung mit Susanne und dem Projekt UNVERLOREN war für mich so ein wunderbarer Zufall. Sie stand eines Tages als Kundin in meinem Laden und wir kamen ins Plaudern. Susanne hatte gerade die ersten Fotos in der stillgelegten Fabrik von Weimar Porzellan in Blankenhain gemacht und erzählte von ihrer Idee, ein Buch daraus zu gestalten, weil sie es nicht fassen konnte, dass hier ein lokales Traditionshandwerk einfach so ausgelöscht wurde. Das fiel bei mir auf fruchtbaren Boden, denn ich verkaufe in meinem Geschäft für Wohnaccessoires eine Reihe Designobjekte, die ich ausschließlich und komplett in Thüringen herstellen lasse. Ich selbst bin von Hause aus Schauspieler, der die Liebe zu den Dingen für sich entdeckt hat und noch einmal in ein komplett neues Leben gesprungen ist – aus Leidenschaft. Und genau die spürte ich bei dieser Fotografin, als sie mir von ihren Entdeckungen in den leeren Werkshallen erzählte.

Als wir das erste Mal gemeinsam in die Fabrik kamen und den Formenfundus dort sichteten, hatte ich sofort eine Menge Ideen, was man daraus machen könnte. Die Vorstellung, dass das alles entsorgt werden sollte, fand ich absurd. Ein ganzes Werk zu bewahren war für uns natürlich unmöglich, aber einige Vasen wollten wir wenigstens retten. So entstand bei Susanne und mir der Wunsch, ein paar der Formen zu übernehmen und neu produzieren zu lassen – natürlich in Thüringen.

Mich hat es sehr verwundert, dass die Insolvenz von Weimar Porzellan hierzulande wenige auf den Plan gerufen hat. Wie konnte eine Prestigemarke mit dieser langen Geschichte, ihren exklusiven Anfertigungen und klassischen Formen einfach so untergehen? Es gab ja Bemühungen, und man hätte vielleicht über ein Förderprogramm des Landes Thüringen die Marke neu denken und damit ein Traditionsunternehmen erhalten können. Stattdessen fand ein zielloser Ausverkauf, so eine Art Resterampe statt – und dann wurde einfach dichtgemacht.

Susanne entschied sich mit der Vase ›Tini‹ für einen Entwurf aus den 1960er-Jahren, der als Reminiszenz anlässlich des 50-jährigen Jubiläums des Bauhauses entstand. Ich habe für meine Kollektion DesignWe.Love Weimar Formen übernommen, die alle aus den 1920er- und frühen 1930er-Jahren stammen, als das Bauhaus aktiv war. Der Grund dafür liegt auf der Hand: Ich habe ein Designgeschäft in Weimar, wo das Bauhaus 1919 gegründet wurde und bis 1925 zu Hause war. Daran wieder anzuknüpfen ist mir wichtig, aber ich will nicht einfach die Geschichte zitieren. Deshalb arbeite ich für meine ›Made in Weimar‹-Artikel auch häufiger mit Absolventen aus dem Pro-

MARK POHL

»LOKALES HANDWERK SOLLTE MODERN SEIN, UM ERFOLGREICH ZU SEIN.«

Mark Pohl, Jahrgang 1976, hegt große Leidenschaft für Handwerk aus Thüringen. Als Unternehmer und Inhaber der Marke DesignWe.Love hat er ein gutes Gespür für aktuelle Trends und hochwertiges Design.

duktdesign der Bauhaus-Universität zusammen, um zu zeigen, wofür das Bauhaus heute steht.

Bei der Entwicklung neuer Produkte muss man bedenken, dass sich unser Lebensstil in den letzten hundert Jahren vollkommen verändert hat. Viele Erzeugnisse sind überholt und passen nicht in unsere Zeit, andere überraschen mit ihrer andauernden Modernität. Das ist übrigens ein Problem vieler alter Manufakturen: Sie haben es versäumt, die alten Zöpfe rechtzeitig abzuschneiden und sich zeitgemäß aufzustellen. Der Gebrauch, das Stilempfinden und der Markt für viele Dinge haben sich verändert. Wenn ich solche Tatsachen als Unternehmer ignoriere und keine Produkte dafür anbieten kann, mir keine neuen Märkte erschließe, ist das geradezu fahrlässig.

Ich bin eher der optimistische Typ und sehe das Ende von Weimar Porzellan nicht nur negativ. Man kann sich entscheiden: Hänge ich dem Alten nach oder begrüße ich das, was kommt. Ich denke, Letzteres ist die schönere Haltung, denn so bleibt man offen für Neues. Das gilt in gewissem Sinne auch für das Projekt UNVERLOREN. Oft war es die Gunst des Schicksals, die Susanne und mich – manchmal gemeinsam, manchmal getrennt voneinander – weitergebracht hat. Wie etwa die Entscheidung, unsere Vasen in Biskuitporzellan herzustellen: Unser Produzent Martin Pössel hatte schlichtweg mehr Erfahrung damit als mit dem klassischen Glasurbrand. Als er uns in seiner Weimarer Manufaktur die ersten Prototypen in durchgefärbtem Biskuit zeigte, waren wir begeistert. Genau in dieser Variante wirken die Vasen total modern.

Viele Leute wollen heute nachhaltig leben. Die wichtigste Voraussetzung dafür ist, dass man lokal einkauft – vom Gemüse bis zum Designprodukt. Es ist das Nachhaltigste, was ich für meine Region und die Menschen, die dort leben und arbeiten, tun kann. Ich bin angetreten, lokale Produkte schön zu machen, denn es gibt keinen Grund, eine gewöhnliche, altmodisch gedrechselte Schüssel herzustellen, wenn sie sich auch stilvoll und modern drechseln lässt. Dass man mit Objekten aus Thüringen erfolgreich sein kann, beweisen die Verkaufszahlen. Die lokal produzierten Artikel gehören zu den Bestsellern in meinem Onlineshop und im Ladengeschäft.

Deswegen möchte ich all die kleinen Handwerksbetriebe, die es hier noch gibt, kennenlernen und mit ihnen schöne Dinge herstellen. Sei es aus Glas, Metall, Korb, Textil oder Holz – denn wie Porzellan haben auch diese Materialien eine lange Tradition in der Region. Ich glaube fest daran, dass das Thüringer Handwerk eine Zukunft hat – es braucht nur Impulsgeber. Wenn ich einer von ihnen sein kann, hätte ich viel erreicht, und ich habe die Hoffnung, dass andere dann nachziehen. Das würde mich sehr glücklich machen.

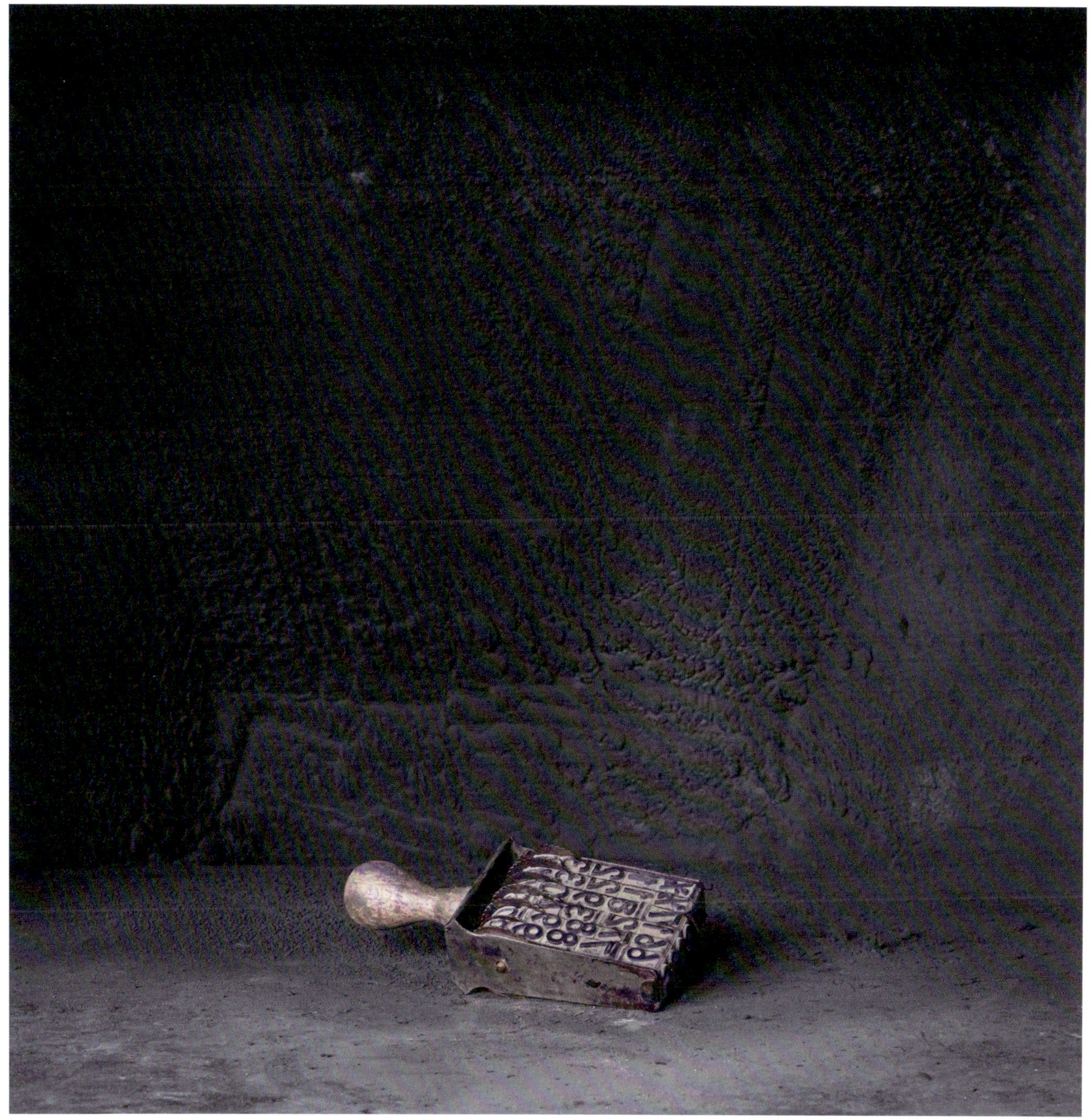

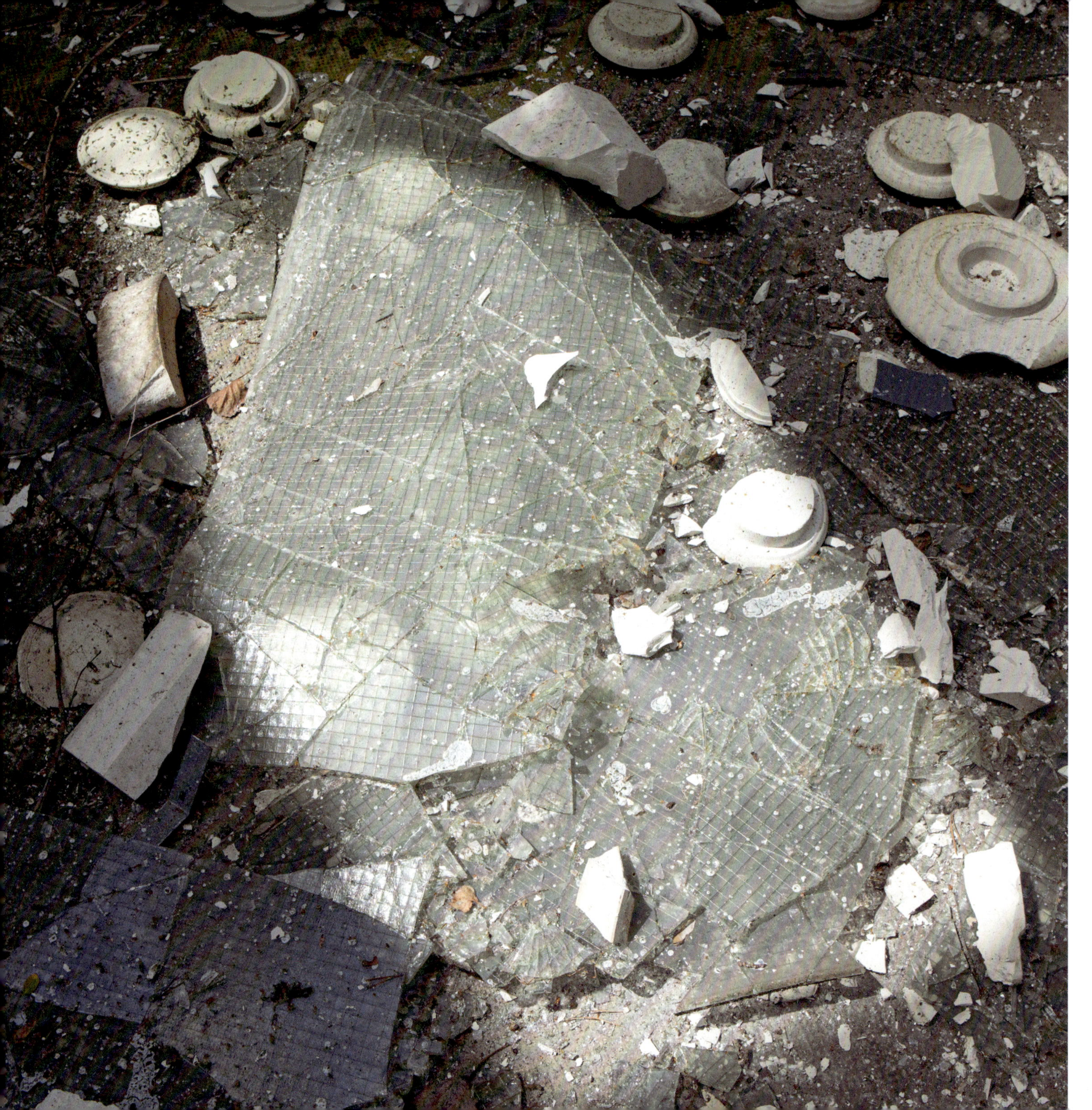

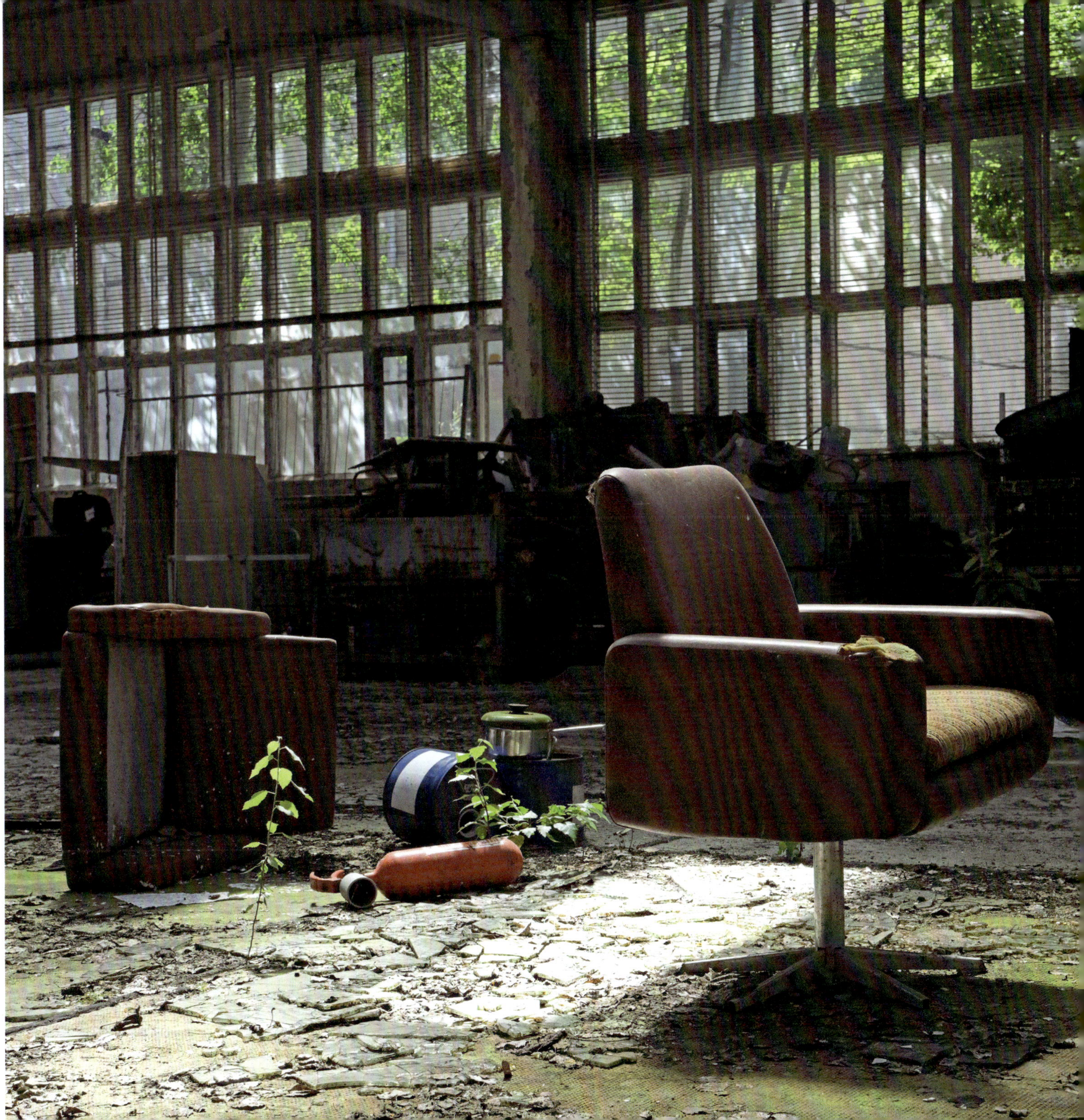

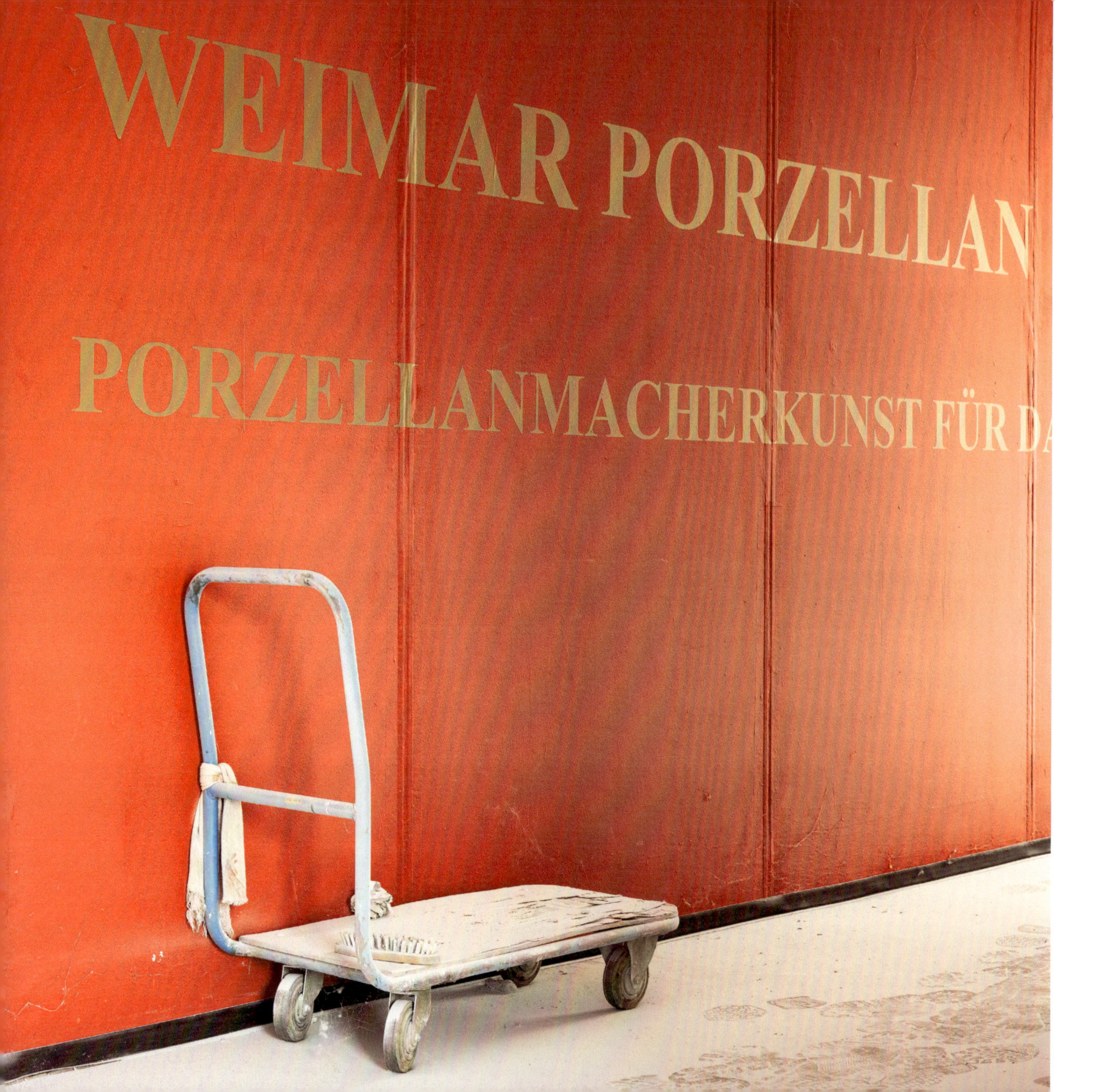
WEIMAR PORZELLAN
PORZELLANMACHERKUNST FÜR DA

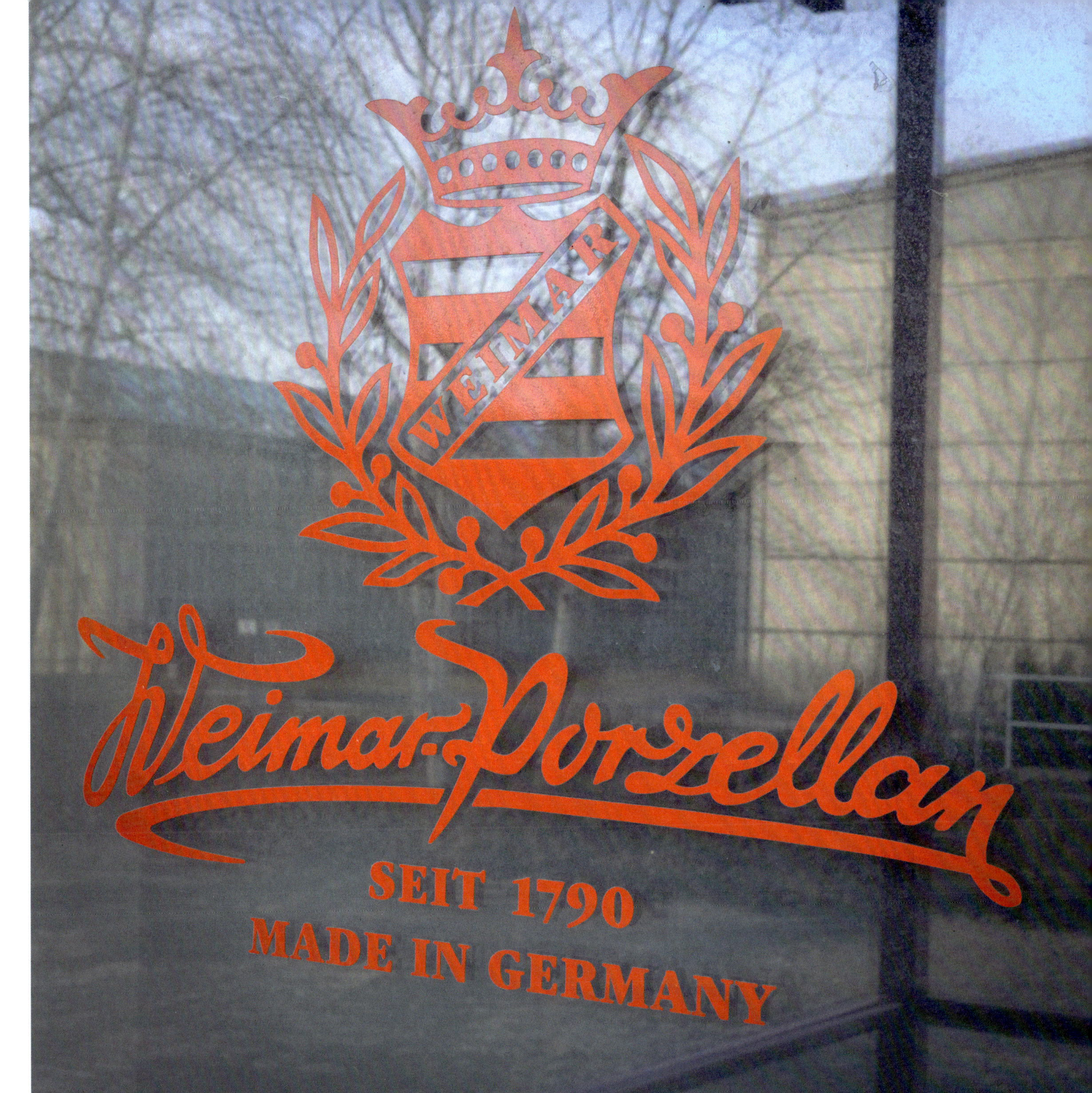
WEIMAR
Weimar-Porzellan
SEIT 1790
MADE IN GERMANY

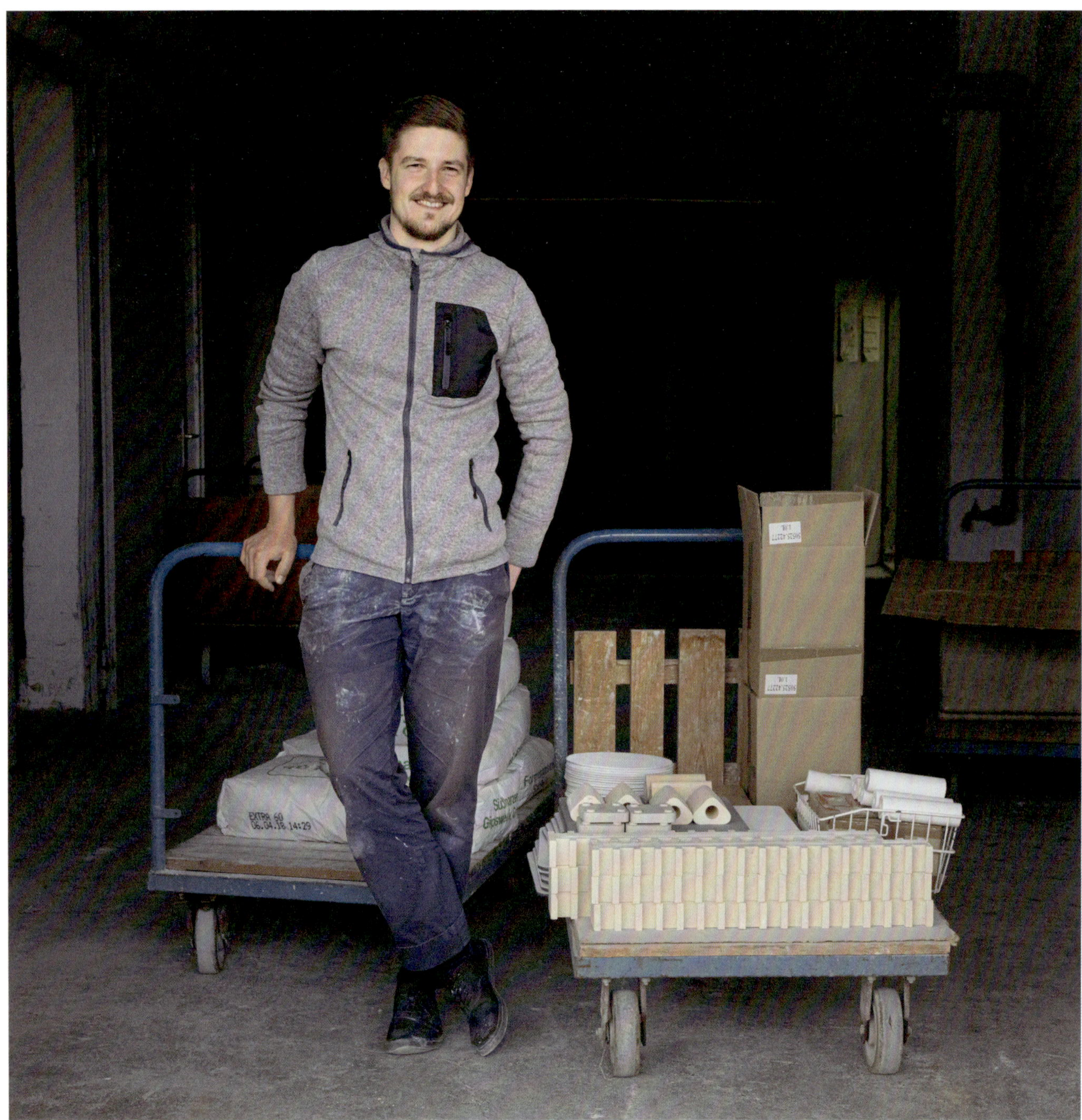
EXTRA 60
06.04.18 14:29

MARTIN PÖSSEL

PORZELLAN KANN SEHR MODERN SEIN

Ein Teil dieses Projekts zu sein und dazu beizutragen, dass ein Stück Weimar Porzellan aus Blankenhain weiterleben wird, das freut mich sehr. Vor allem ohne dabei ein Abgesang auf etwas Vergangenes zu sein, sondern zu zeigen, wie modern und innovativ Porzellan heute sein kann. Ich bin immer davon ausgegangen, nur meine eigenen Designs zu produzieren. Dass ich mal Auftragsarbeiten ausführen würde, daran hatte ich vorher überhaupt nicht gedacht.

Die Zusammenarbeit mit Susanne Katzenberg und auch mit Mark Pohl von DesignWe.Love ist für mich ein echter Glückstreffer. Das spiegelt sich übrigens auch in der Art wider, wie wir zueinandergefunden haben. Ich hatte gerade meinen Instagram-Account freigeschaltet, das erste Bild hochgeladen, und schon etwa eine Stunde später bekam ich die Anfrage von Mark, der eine Porzellanmanufaktur in Thüringen suchte. Es sollte nicht irgendein Hersteller sein, sondern einer, der Vasen aus durchgefärbtem Porzellan produzieren kann. Davon gibt es nicht viele und schon gar nicht in der Region. Wie Susanne hat auch Mark aus der Insolvenzmasse von Weimar Porzellan ein paar Vasenformen übernommen und beiden war es wichtig, die Artikel weiterhin in Thüringen zu fertigen. Ich habe mich mit Mark getroffen, ihm gezeigt, wie ich arbeite, und er suchte sich aus meiner Kollektion ein paar Farben für seine Vasen aus. Kurz darauf habe ich Susanne kennengelernt, sie hat mir vom Projekt UNVERLOREN erzählt und wenig später haben wir die Farben für die neue TINI-Kollektion bestimmt.

Meine erste Begegnung mit Weimar Porzellan hatte ich als Student der Bauhaus-Universität Weimar, noch zu aktiven Zeiten des Unternehmens, im Rahmen einer Werksführung. Daher hat es mich nach der Schließung umso mehr geschmerzt, mit Mark und Susanne noch einmal durch die verlassene Fabrik zu gehen und zu sehen, wie nun alles brachlag. Es war ein Gefühl des Entsetzens und der Fassungslosigkeit. All das spezielle Wissen und die Fähigkeiten der Belegschaft waren nun verloren. Immerhin konnte ich einige Werkzeuge und Hilfsmittel aus der Insolvenzmasse erwerben. So lebt – zusätzlich zum Produkt – in meiner Werkstatt irgendwie auch der Geist derjenigen weiter, die jahrzehntelang damit gearbeitet haben.

Wo meine Leidenschaft für Porzellan herrührt, kann ich gar nicht so genau sagen. Mich hat aber schon immer der historische Prunkfaktor angesprochen, dieser prachtvolle, herrschaftliche Zauber, der dem Werkstoff innewohnt. Gepaart mit der Faszination darüber, wie aus einer zähflüssigen, erst einmal wenig beeindruckenden Masse etwas so Luxuriöses entstehen kann.

Ich habe sechs Jahre an der Bauhaus-Universität Weimar Produktdesign studiert und dort zum ersten Mal mit Por-

MARTIN PÖSSEL

»ES IST SCHÖN, DAZU BEIZUTRAGEN, DASS EIN STÜCK KULTURGESCHICHTE MEINER HEIMAT WEITERLEBT.«

Die gestalterischen Grundlagen für die Arbeit in seiner Weimarer Manufaktur erwarb Martin Pössel, Jahrgang 1988, im Produktdesignstudium an der Bauhaus-Universität Weimar. Er fertigt nun auch die Neuauflage der Vase TINI.

zellan gearbeitet. Das spezielle Projektstudium legt einen starken Fokus auf die handwerkliche Komponente und ist in hohem Maße praxisorientiert. Ganz im Sinne des historischen Bauhauses ist man als Studierender sehr frei in der Auslegung der Projekte und kann sich innerhalb eines thematisch äußerst grob gesteckten Rahmens komplett entfalten. Besonders die Arbeit in den Werkstätten, der Austausch mit der Werkstattleitung und anderen Studierenden sowie die eigene autodidaktische Weiterentwicklung haben mich fasziniert.

Ich habe mich bewusst für die manufakturelle Arbeit mit Porzellan entschieden, weil es mich glücklich macht, etwas Bleibendes von Wert herzustellen. Einen Gegenstand, der die eigene Arbeit am Ende des Tages dokumentiert. Zu wissen, dass schließlich eine andere Person etwas in ihrem Besitz hat, das meine Hände gefertigt haben, ist zusätzlich ein schöner Gedanke. Für kurze Zeit war ich in der industriellen Porzellanherstellung angestellt. Da die Produktionsschritte dort größtenteils automatisiert sind, konnte ich aber nur wenig lernen. Lediglich in der Gießerei war es spannend für mich, weil da noch manuell gearbeitet wird und ich mir für meine eigene Arbeit ein paar Tricks abschauen und bereits vorhandene Fertigkeiten vertiefen konnte.

Schon während des Studiums habe ich damit begonnen, mir meine eigene Werkstatt aufzubauen. Ich stattete damals ein kleines Café in der Weimarer Innenstadt mit meinen Porzellanprodukten aus und brauchte deswegen einen Ort, an dem ich kontinuierlich arbeiten konnte.

Ich liebe es, meine Produkte, auch über die für einen Designer typischerweise reine Entwurfsphase hinaus, bis zur Fertigstellung zu begleiten. Als Designer mit eigener Werkstatt habe ich diesen kompletten Prozess – vom Entwurf über den Modellbau bis hin zur Produktion – selbst in der Hand.

Ich bin aber Realist genug, um zu wissen, dass die Porzellanindustrie hierzulande eine regressive Branche ist – zumindest was die einfache Gebrauchskeramik betrifft. Der Durchschnittskunde kann nicht nachvollziehen, warum er viele Euro für ein Produkt eines deutschen Markenherstellers zahlen soll, wenn der Markt mit Exemplaren übersättigt ist, die nur wenige Cent kosten. Wie bei allem, was billig zu haben ist, geht damit die Wertschätzung für das Material und die Handwerkskunst dahinter verloren.

Ich bin aber überzeugt, dass es immer Menschen geben wird, die für lokal produzierte Designobjekte, besondere Einzelstücke und Kleinstserien, Geld ausgeben, weil sie das hohe Maß an Handarbeit honorieren. Ich denke, für kleine Betriebe und Manufakturen so wie meine, die flexibel und ganz nah am Kunden sind, sieht es gar nicht so schlecht aus.

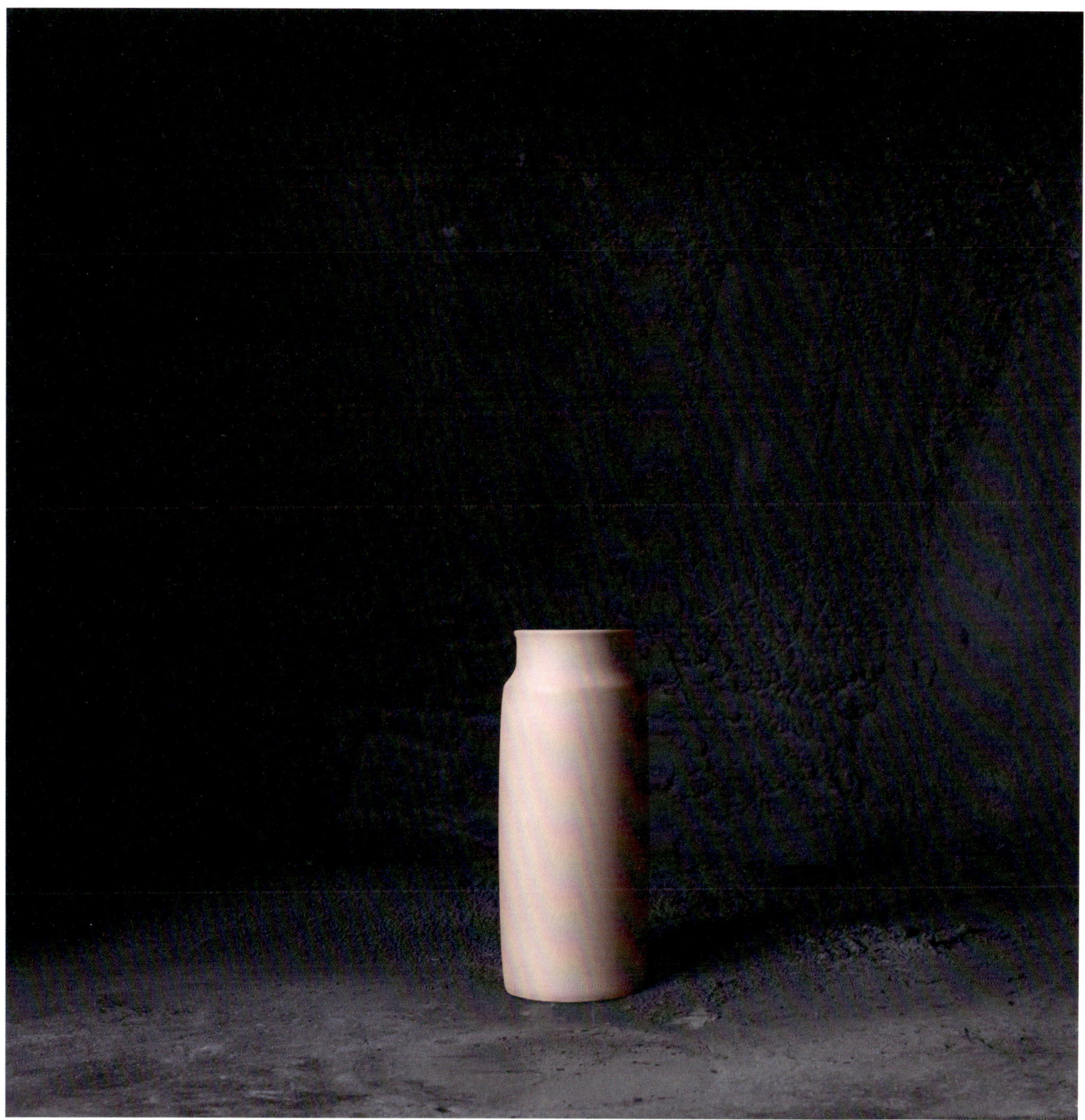

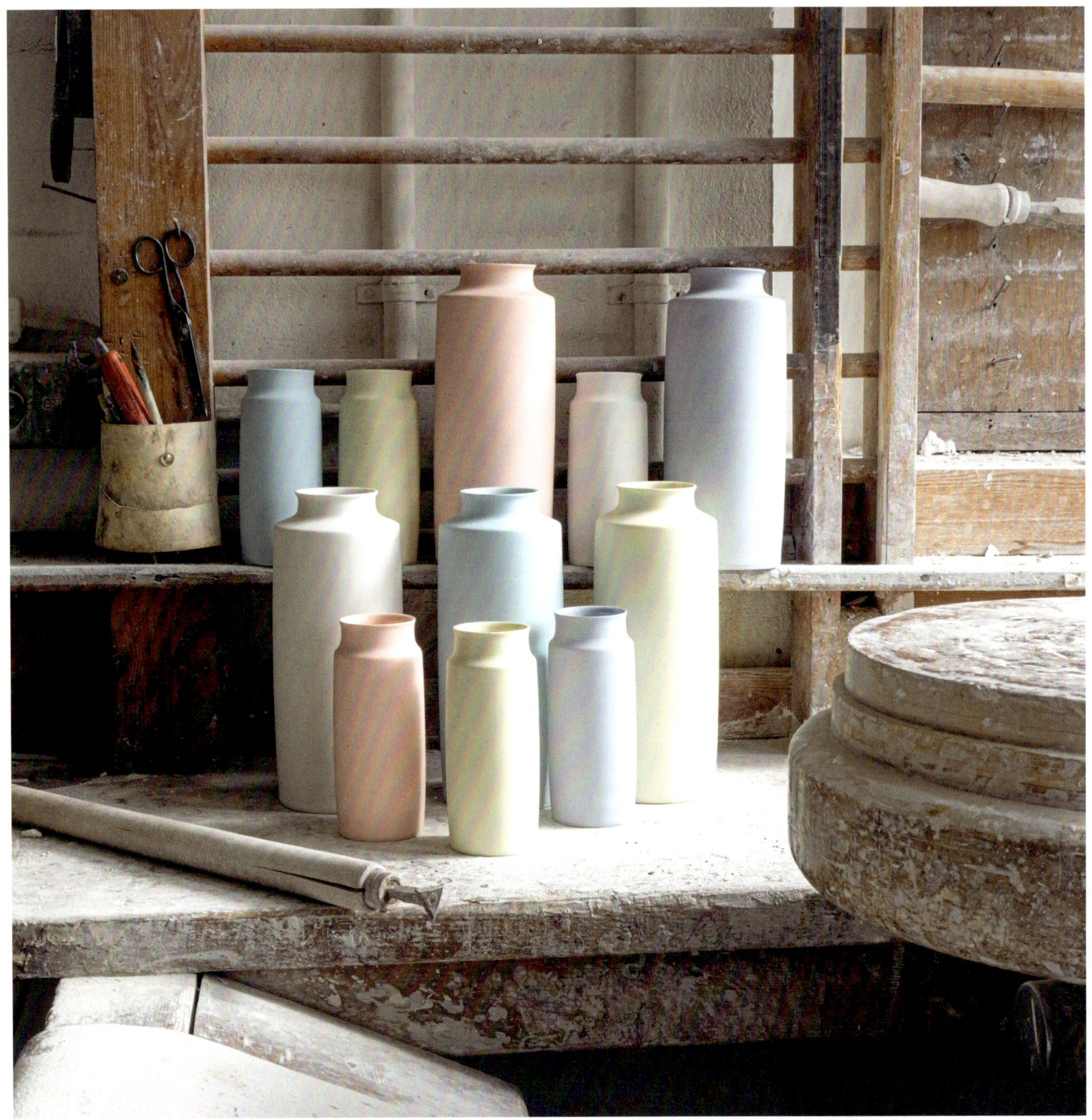

HOMMAGE UND MAHNUNG ZUGLEICH

Während der Arbeit am Buch hat die Fotografin Susanne Katzenberg bei ihren Streifzügen durch das verlassene Werk auch den Formenfundus entdeckt. Hier standen die Modelle aus rund 100 Jahren Geschichte von Weimar Porzellan. Erschüttert, dass dieser Schatz vernichtet werden sollte, beschloss sie, gemeinsam mit Mark Pohl aus Weimar, in der Fabrik nach alten Modell- und Gießformen zu suchen und ausgewählte Formen reproduzieren zu lassen – also zu retten.

Es brauchte dafür eine Manufaktur, die in der Lage ist, hochwertiges Porzellan herzustellen und Artikel in kleinen Mengen zu fertigen. Absurderweise suchten sie so etwas wie Weimar Porzellan und sind dabei quer durch Thüringen gefahren – immerhin die Heimat vieler Porzellanunternehmen mit einer traditionsreichen Handwerkskultur – auf der Suche nach einer geeigneten Produktionsstätte. Denn es war ihnen von Anfang an klar, dass möglichst viel ›Made in Thüringen‹ sein sollte. Die Produkte stammen ursprünglich aus dem Osten Deutschlands und sollten dort auch gefertigt werden, sehr wohl auch als Mahnung, die Geschichte der ›Übernahmen‹ durch den Westen nicht zu wiederholen.

Der Zufall führte die beiden schließlich zu Martin Pössel. Er stellt in seiner kleinen, feinen Manufaktur die Vasen in durchgefärbtem Biskuitporzellan (unglasiert gebranntes Porzellan) her, was den Produkten eine zarte und moderne Anmutung verleiht. So werden die Vase TINI sowie die Vasen von Mark Pohl also in Weimar produziert. Ebenfalls die gesamte Kartonage wird in Thüringen angefertigt.

Die Vase ›Tini‹ von Peter Smalun entstand Mitte der 1960er gemeinsam mit anderen Formen beim VEB Weimar Porzellan. Es gab den Auftrag, Zierformen und Geschirre zu entwickeln, die an das gestalterische Erbe des Bauhauses angelehnt sein sollten. Noch in den 1950er-Jahren war es in der DDR verpönt, offen über die Ideen der Bauhäusler zu sprechen. In der sogenannten Formalismusdebatte wurde deren Gestaltung kritisiert und als ›kosmopolitisch‹ abgetan. Vorgabe waren eher volkskundliche Formen und der Stil des Realismus. Erst 1963 legte sich die Kontroverse und das Bauhaus wurde auch in der DDR ein offen diskutiertes Thema.

Susanne Katzenberg ist es wichtig, nicht ausschließlich mit Fotografien an Weimar Porzellan zu erinnern. Das Projekt UNVERLOREN bekommt mit der Re-Editierung der Vase TINI eine Dreidimensionalität: ein Buch und eine Vase als Denkmal.

Es ist hier gelungen, einen Schatz zu heben. Somit ist das Projekt UNVERLOREN eine Hommage an die vielen Porzelliner mit ihrem außerordentlichen Fachwissen, die bei Weimar Porzellan teilweise über Jahrzehnte tätig waren.

DIE MACHER*INNEN, DAS KLEINGEDRUCKTE & EIN GROSSER DANK

REDAKTION

SUSANNE KATZENBERG

ist Jahrgang 1967, hat bei Professor Arno Fischer Fotografie studiert und arbeitet als Fotografin und Fotoredakteurin in Hamburg. In ihren freien Arbeiten widmet sie sich als Chronistin des Vergehenden immer wieder verloren geglaubten Orten und hat bereits Bücher und Ausstellungen realisiert. Mit großer Leidenschaft für historische Bildarchive hebt sie gern Schätze und ist Mitgründerin des Projektes UNVERLOREN. Vom Schicksal der Weimar Porzellan Manufaktur sehr berührt, entstand dieses Fotobuch in Kombination mit der Rettung der Vasenform TINI, die sie in Thüringen reproduzieren lässt. Nach dem Motto ›unternehmen statt unterlassen‹ soll es andere ermutigen, selbst solche Schritte zu wagen, um Kulturgut zu bewahren.

CLAUDIA ZACHOW

ist 1974 in Dresden geboren. Sie begann ihre berufliche Laufbahn mit einer Ausbildung zur Porzellanmalerin an der Staatlichen Porzellan-Manufaktur Meissen. Seit dieser Zeit ist sie dem Material Porzellan eng verhaftet. Einem Diplomstudium in der Fachrichtung Keramik-/Glasdesign an der Kunsthochschule Burg Giebichenstein Halle folgte ein Masterstudium der Designwissenschaften ebenda. Seit 2003 arbeitet sie als freiberufliche Designerin und Dozentin in den Bereichen Produkt- und Kommunikationsdesign. Zwischen 2013 und 2015 war sie Gastprofessorin im Bereich Produktdesign an der Universität der Künste Berlin. Von 2014–2020 war sie Kuratorin im Porzellanikon – Staatliches Museum für Porzellan, Hohenberg a. d. Eger/Selb.

ANNETT SCHUFT

ist 1974 in Cottbus geboren. 1990 begann sie trotz Wende ihre Ausbildung zur Flachstichgraveurin, obwohl absehbar war, dass der Beruf aussterben würde. Den theoretischen Teil absolvierte sie in der Berufsschule Arnstadt in Thüringen. Somit schlägt ihr Herz – als Ostdeutsche und Kunsthandwerkerin, mit einer wilden Zeit in den Umbruchs- und Nachwendejahren in Thüringen – ganz besonders für das Projekt UNVERLOREN. Heute lebt sie in Hamburg, wo sie an ihre Lehre ein Kommunikationsdesign-Studium anschloß und seitdem als Grafikerin und Art Direktorin selbstständig arbeitet. Sie hat neben so einigen Corporate Designs vor allem diversen Magazinen und Buchprojekten ihr Erscheinungsbild gegeben.

JUDY BORN

ist 1969 in Stockholm geboren, in München aufgewachsen und hat nach dem Abschluss ihres Studiums der Sozialpädagogik recht zügig das Fach gewechselt. Nach einem PR- und Marketingjob in London lebt sie seit nunmehr zwei Jahrzehnten in Hamburg und arbeitet als freie Autorin und Redakteurin für unterschiedliche Verlage, Agenturen und Unternehmen. Ihre Tätigkeit führte sie schon des Öfteren nach Thüringen, doch hatte sie es dort bis jetzt nur mit gegenwärtigen Projekten zu tun. Mit dem Projekt UNVERLOREN taucht sie nun erstmals in die Vergangenheit ein. Mit Susanne Katzenberg teilt sie die Liebe für verlassene Orte und die Vase TINI.

IMPRESSUM

Edition Braus Berlin GmbH
Prinzenstraße 85
10969 Berlin
www.editionbraus.de

KONZEPTION, RECHERCHE, PROJEKT- UND REDAKTIONSVERANTWORTUNG:
Susanne Katzenberg

FOTOGRAFIE, FOTOREDAKTION:
Susanne Katzenberg

ART-DIREKTION, KONZEPTION, BERATUNG:
Annett Schuft

HISTORIE UND HISTORISCHE BILDTEXTE, BERATUNG:
Claudia Zachow

PROTOKOLLE:
Judy Born, Susanne Katzenberg

LEKTORAT:
Steffen Leuschner, Marcus Müntefering, Claudia Zachow, Helmut Ziegler

KORREKTORAT:
Steffen Leuschner, Marcus Müntefering, Bettina Storm-Rother

BILDBEARBEITUNG:
Alexandra Grünig, Annett Schuft

DRUCK UND BINDUNG:
Grafisches Centrum Cuno GmbH & Co. KG

ISBN *978-3-86228-213-5*

QUELLEN

ARCHIVALIEN:
LATh – HStA Weimar, Porzellanfabrik Blankenhain (Übernahme 2019) Nr. 97 und 98;
LATh – HStA Weimar, Porzellanfabrik Blankenhain (Übernahme 2019) Karton 62 Nr. 1-3 und Karton 65 Nr. 3-5;
LATh – HStA Weimar, Porzellanfabrik Blankenhain (Übernahme 2019) Karton 65 Nr. 1;
Privatbesitz Katzenberg/Zachow, Konvolut Produktflyer Weimar Porzellan

Erläuternde Bildtexte von:
BArch, Bild 183-E0419-0004-001;
BArch, Bild 183-27221-0002;
BArch, Bild 183-24023-1776;
BArch, Bild 183-24023-1774;
BArch, Bild 183-27221-0007;
BArch, Bild 183-27221-0004;
BArch, Bild 183-24023-1772;
BArch, Bild 183-27221-0001

LITERATUR:

Engelmann, Barbara: *Porzellan aus Blankenhain seit 1790 : Aus den Sammlungen des Stadtmuseums Weimar im Bertuchhaus.* Stadtmuseum Weimar (Hrsg.). Weimar 2010.

Engelmann, Barbara: 220 Jahre Porzellan aus Blankenhain. In: Museumsverband Thüringen e.V. (Hrsg.): *Porzellanland Thüringen : 250 Jahre Thüringer Porzellan.* Jena 2010. S. 190–193.

Friedl, Hans: *Warum? Weshalb? Wieso? : 100 Fragen über Porzellan* (7. Auflage). Marktredwitz 1968.

Friedl, Hans: *100 Fragen über Porzellan : Warum? Weshalb? Wieso?* (22. Auflage). Verband der Keramischen Industrie e.V. Selb (Hrsg.). Selb 2013.

Hawich, Tamara: *Manufakturen Maschinen Manager : Unternehmer und Unternehmen zwischen Apolda und Weimar* (Band 4). IHK Erfurt (Hrsg.). Erfurt 2009.

Küchler, Rudolf u. a.: *Weißes Gold aus Blankenhain : Zur Geschichte des VEB Weimar-Porzellan.* Ständige Kommission Kultur der Stadtverordnetenversammlung Weimar und des Kreistages Weimar-Land in Zusammenarbeit mit dem Stadtmuseum Weimar (Hrsg.). Weimar 1981.

Scherf, Helmut: *Thüringer Porzellan unter besonderer Berücksichtigung der Erzeugnisse des 18. und frühen 19. Jahrhunderts.* Wiesbaden 1980.

Stieda, Wilhelm: *Die Anfänge der Porzellanfabrikation auf dem Thüringerwalde : volkswirtschaftlich-historische Studien.* Jena 1902.

FUSSNOTEN:

[1] *S. 10: Stieda, 1902, S. 366;*

[2] *S. 11: Egert, 1930, zitiert nach Engelmann, 2010, S. 8;*

[3] *S. 58: LATh – HStA Weimar, Porzellanfabrik Blankenhain (Übernahme 2019) Nr. 98, Bl. 2;*

[4] *S. 69: LATh – HStA Weimar, Porzellanfabrik Blankenhain (Übernahme 2019) Karton 65 Nr. 1 Bl. 10;*

[5] *S. 93: Privatbesitz, Weimar Porzellan, Produktflyer Katharina, 1930er Jahre*

BILDNACHWEISE

Titel: S. Katzenberg; Vorsatzpapier: LATh – HStA Weimar Porzellanfabrik Blankenhain (Übernahme 2019) Karton 96; S. 7: Anselm Graubner; S. 11-13: Privatbesitz; S. 14-25: S. Katzenberg; S. 26: BArch, Bild 183-E0419-0004-001 / Detlev Steinberg; S. 27: S. Katzenberg; S. 28-29: LATh – HStA Weimar Fotosammlung Ernst Schäfer Ordner 1; S. 30: S. Katzenberg; S. 31: BArch, Bild 183-27221-0002 / Schmidt; S. 32-35: S. Katzenberg; S. 36: BArch, Bild 183-24023-1776 / Wittig; S. 37+38: S. Katzenberg; S. 39+40: LATh – HStA Weimar Porzellanfabrik Blankenhain (Übernahme 2019) Karton 51; S. 41-45: S. Katzenberg; S. 46: LATh – HStA Weimar Fotosammlung Ernst Schäfer Ordner 20; S. 47-50: S. Katzenberg; S. 51: BArch, Bild 183-24023-1774 / Wittig; S. 52: LATh – HStA Weimar Porzellanfabrik Blankenhain (Übernahme 2019) Nr. 97; S. 53-57: S. Katzenberg; S. 58: LATh – HStA Weimar Porzellanfabrik Blankenhain (Übernahme 2019) Nr. 98; S. 59+60: S. Katzenberg; S. 61: LATh – HStA Weimar Fotosammlung Ernst Schäfer Ordner 15; S. 62: LATh – HStA Weimar Fotosammlung Ernst Schäfer Ordner 2; S. 63-67: S. Katzenberg; S. 68-69: BArch, Bild 183-27221-0007 / Schmidt; S. 70: S. Katzenberg; S. 71: BArch, Bild 183-27221-0004 / Schmidt; S. 72+73: S. Katzenberg; S. 74-75: LATh – HStA Weimar Fotosammlung Ernst Schäfer Ordner 10; S. 76-80: S. Katzenberg; S. 81: LATh – HStA Weimar Fotosammlung Ernst Schäfer Ordner 1; S. 82-84: S. Katzenberg; S. 85: BArch, Bild 183-24023-1772 / Wittig; S. 86-91: S. Katzenberg; S. 92-93: LATh – HStA Weimar Porzellanfabrik Blankenhain (Übernahme 2019) Karton 51; S. 94-96: S. Katzenberg; S. 97: LATh – HStA Weimar Fotosammlung Ernst Schäfer Ordner 2; S. 98-102: S. Katzenberg; S. 103: BArch, Bild 183-27221-0001 / Schmidt; S. 104-106: S. Katzenberg; S. 107: LATh – HStA Weimar Fotosammlung Ernst Schäfer Ordner 16; S. 108-122: S. Katzenberg; Nachsatzpapier: LATh – HStA Weimar Porzellanfabrik Blankenhain (Übernahme 2019) Karton 96; Titel-Rückseite: S. Katzenberg

*Die Herausgeberin hat sich intensiv bemüht, alle Urheberrechtsinhaber*innen ausfindig zu machen. Wir freuen uns über Rückmeldungen, die uns helfen, letzte Lücken zu schließen. Bitte nehmen Sie Kontakt zur Herausgeberin oder zum Verlag auf.*

PROJEKT UNVERLOREN

Anlässlich der Entdeckung der verlassenen Fabrik von Weimar Porzellan und der daraus resultierenden Auseinandersetzung mit dem Manufakturensterben wurde das Projekt UNVERLOREN im Jahr 2019 in Hamburg gegründet. Es hat zum Ziel, verloren geglaubte Designs, untergehende Handwerkskunst und Firmengeschichten zu bewahren.

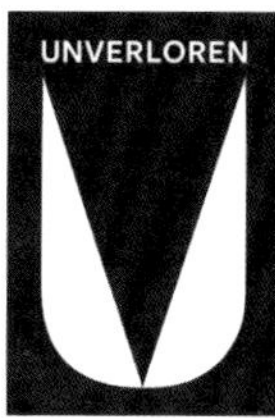

WEB:
www.projekt-unverloren.de

MAIL:
info@projekt-unverloren.de

INSTAGRAM:
@projekt_unverloren
@susanne_katzenberg_fotografie

ANMERKUNG DER REDAKTION:
Es bedarf noch vieler Anstrengungen, die tatsächliche Gleichstellung von Männern und Frauen zu verwirklichen. Ein Bereich, in dem dies möglich ist, ist die Sprache. Deswegen haben wir uns außerhalb der Protokolle bemüht, im Text beide Geschlechter gleichermaßen zu berücksichtigen.

EIN GROSSER DANK ZUM SCHLUSS

*Unser großer Dank gilt den ehemaligen Mitarbeiter*innen von Weimar Porzellan, die uns als Interviewpartner*innen und Berater*innen ihre Zeit und ihr Vertrauen geschenkt und uns sehr geholfen haben:*

*Maria Berger, Anke Few, Lutz Kirschmann, Reinhard Krauße, Lothar Peppel, Manuela Reinhardt und Peter Smalun. Außerdem danken wir allen weiteren Protagonist*innen, die mit Herz und Sachverstand zum Projekt beigetragen haben: Martin Pössel, Mark Pohl und Katrin Weiß. Ohne euch wäre das Buch in der vorliegenden Form nicht möglich gewesen.*

Für ihre Unterstützung mit Rat und Tat, für die zahlreichen Zugangsgenehmigungen zur Fabrik und für sachdienliche Hinweise danken wir:

Dagmar Fiebig (GRAFE Advanced Polymers GmbH),
Matthias Grafe (Geschäftsführer GRAFE Advanced Polymers GmbH),
Romy Gehrke (MDR Thüringen),
Anselm Graubner (Weimarer Kultur- und Tourismusunternehmer),
Dr. Ulrike Kaiser (Direktorin der Stiftung Leuchtenburg),
Jens Kramer (Bürgermeister Stadt Blankenhain),
Thorsten Krause (Stiftung Haus der Geschichte),
Landesarchiv Thüringen – Hauptstaatsarchiv Weimar,
Porzellanikon – Staatliches Museum für Porzellan,
André Rombach (ROMBACH Rechtsanwälte Insolvenzverwalter),
Turpin Rosenthal + Susanna Schulz (Könitz Porzellan GmbH),
Klaus Tausche (ehem. Betriebsleiter Weimar Porzellan),
Berit Walter (Bundesarchiv).

Persönlich möchte ich mich bei folgenden Personen bedanken. Ihr habt mich regelmäßig ermutigt und unterstützt, hattet immer ein offenes Ohr und wart geduldig:

Jürgen Courtin, Rike und Josefine und Katinka Eckhoff, Peter Ferneding, Udo Joerke, Michael Kustak, Kathrin Sprick, Olaf Tamm, Darius Wakilzadeh. Ich danke vor allem Samantha Ungerer für ihre wunderbaren Ideen und ihr Engagement für dieses Projekt.

*Während der Buchproduktion stand mein Professor Arno Fischer († 2011) immer wieder in Gedanken hinter mir. Von ihm habe ich gelernt, mich so lange mit dem Material zu beschäftigen, bis eine Fotoserie die Geschichte in einer Art erzählt, die der Betrachter*in Raum lässt für eigene Assoziationen – so lange, bis es eben fertig ist. Dafür bin ich ihm sehr dankbar.*

Meine Mutter Utta Courtin ist in der Produktionsphase des Buches im April 2020 gestorben. Ich bin sicher, es hätte ihr gefallen – sie war Töpferin und liebte ihr Handwerk.

Unser ganz besonderer Dank gilt den Sponsoren, ohne sie gäbe es das Buch nicht.

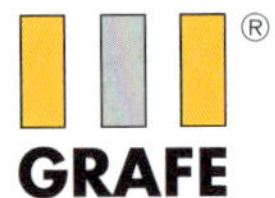

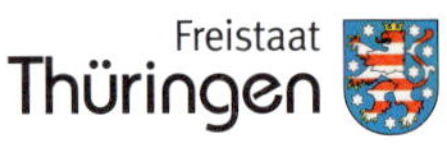

Staatskanzlei

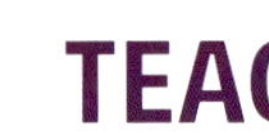

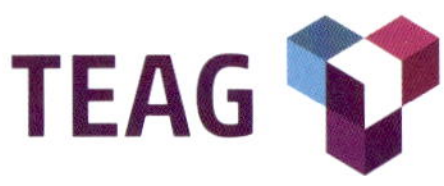

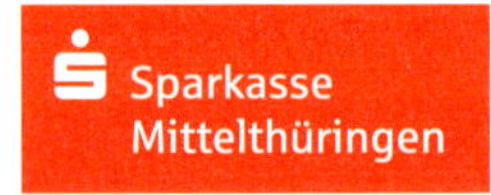

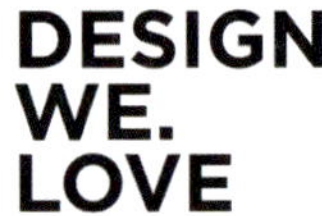